Dr. Bahram Bahrami

Revolution
der
Naturwissenschaften

Meine Theorien und Entdeckungen

Der Autor, Dr. Bahram Bahrami, hat Medizin und Physik studiert und ist Facharzt für innere Medizin . Er beschäftigt sich mit der theoretischen Forschung der Naturwissenschaften mit dem Schwerpunkt Astronomie Physik und Medizin, hat zahlreiche bahnbrechende Theorien entwickelt, viele Entdeckungen gemacht und bereits mehrere Bücher publiziert.

Herstellung und Verlag : Books on Demand GmbH , Norderstedt

ISBN: 978-3-8391-1173-4

Die Prinzipien der Natur sind   meist sehr einfach. Die Einfachheit ist jedoch so groß , daß sie zu durchschauen äußerst schwer sein kann.

Dr. B. Bahrami

Für die freundliche Überlassung der Bilder möchte ich mich bei Nasa-Hubble und PixelQuelle.de bzw. Pixelio.de bedanken .

Dieses Buch wird meiner lieben Frau Gerda gewidmet.

Inhaltsverzeichnis

Einleitung

Dieses Buch wendet sich nicht nur an Fachleute, sondern auch an das breite interessierte Publikum . Deswegen wurde bewußt versucht , so weit wie möglich , die Thematik durch einen relativ einfachen und gut verständlichen Text, durch Abbildungen, Graphiken und Zeichnungen auch für interessierte Laien verständlich und zugänglich zu machen.

Im Bereiche der Naturwissenschaften gibt es eine ganze Reihe von Irrtümern, Fehlern und Fehlentwicklungen, die irgendwann sich eingeschlichen haben und keinem aufgefallen sind . Es entsteht somit nicht nur eine immer größer werdende Fehlentwicklung im Bereich dieser Wissenschaftsbereiche, die damit erheblich zurückgeworfen und keine großen Fortschritte machen, sondern auch ein immenser finanzieller Schaden ,da immer weiter Milliardenbeträge für die wissenschaftliche Forschung der Naturwissenschaften ausgegeben werden, die teilweise diese Fehlentwicklung unterstützen und somit in den Sand gesetzt werden.

Deswegen werden in diesem Buch zahlreiche große Irrtümer, Fehler und Fehlentwicklungen im Bereiche der

Naturwissenschaften aufgedeckt und korrigiert .

Dieses Buch wird unsere heutigen Naturwissenschaften revolutionieren und stark modernisieren.

Ich kann Ihnen an dieser Stelle schon soviel verraten, daß die in diesem Buch abgehandelten äußerst faszinierenden Phänomene und deren Erklärungen jeden von uns beeindrucken und faszinieren werden.

Es wurde bewußt versucht, **auf jeglichen unnötigen Ballast und jede Umschweife zu verzichten** , um das Buch möglichst kompakt und übersichtlich zu halten, und ferner um viel Platz zu lassen für eigene Phantasien der Leser.

Dieses Buch unterscheidet sich im übrigen in vielerlei Hinsicht von vielen anderen Büchern, die nur bekannte Tatsachen und Erkenntnisse wiedergeben bzw. wiederholen, und die Sachen beschreiben, ohne eine Begründung dafür zu geben bzw. sich damit kritisch auseinanderzusetzen, und ist aus diesem Grunde weniger reproduktiv, sondern insbesondere völlig innovativ, kreativ und schöpferisch ,und erschließt deswegen sehr viel Neuland .

Dies verrät schon der Titel dieses Buches.

Mehr möchte ich Ihnen an dieser Stelle nicht verraten, vielmehr es Ihnen selbst überlassen die Faszinationen dieses Buches bei der Lektüre selbst zu entdecken .

Dr. B. Bahrami

Kapitel 1

Einführung in die Thematik

Im Bereich der Naturwissenschaften sind seit Jahrzehnten erhebliche Fehler unterlaufen, es sind viele Gesichtspunkte übersehen worden und es haben sich viele Fehlentwicklungen eingeschlichen. Davon sind fast alle Bereiche der Naturwissenschaften mehr oder weniger betroffen.

Besonders schwer ist jedoch dies ausgeprägt auf den Gebieten der Astronomie und Physik , wo seit Jahrzehnten krampfhaft festgehalten wird an einigen festgefahrenen Prinzipien, Gesetzen , Vermutungen und Theorien , wie an der Urknalltheorie, deren Unrichtigkeit mittlerweile zum Himmel schreit ,und deswegen kommen diese Fachbereiche in grundsätzlichen Dingen nicht mehr voran und befinden sich praktisch in einer Sackgasse.

Es haben sich einige feste Meinungen etabliert, die zwar nicht richtig sind , an denen aber trotzdem evt. mangels an Alternativen krampfhaft festgehalten wird. Es haben sich ferner größere Irrtümer eingeschlichen, die nicht bemerkt worden sind . Die Geschichte von Ptolemäus scheint sich zu wiederholen.

Unser Wissen über das Wesen des Universums und seine Bestandteile muß trotz einiger Fortschritte als gering und nicht zufriedenstellend bezeichnet werden. Ja wir wissen z.B. immer noch nicht, wo sich das Zentrum des Universums befindet und wo sein äußerer Rand ist. Wir wissen genau aus diesem Grunde auch immer noch nicht, an welcher Stelle wir uns im Koordinatensystem des Universums befinden, ob wir z.B. im Bezug zum Zentrum des Universums sozusagen auf dem Kopf stehen, auf der Seite oder aufrecht, usw.

Es ist deswegen höchste Zeit für einen frischen Wind, für eine neue Denkrichtung, für größere bahnbrechende Theorien und Entdeckungen, die die Naturwissenschaften insgesamt ein erhebliches Stück nach vorne bringen würden.

Unsere heutige Physik ist praktisch eine Physik der Idealfälle und Sonderzustände , und hat somit nur ein sehr begrenztes Anwendungsgebiet. Auch die meisten physikalischen Formeln können nur **Idealfälle** berechnen und versagen total bei komplizierten Zuständen, die jedoch in der Natur sehr häufig anzutreffen sind bzw. fast die Regel sind.

Auch unsere heutige Astronomie steht nicht viel besser da. Z.B. die Urknalltheorie ist nicht richtig und hat mit

der Realität wenig zu tun .Auch die Relativitätstheorien von Einstein sind nachweislich nicht richtig.

Es ist zwar äußerst interessant z.B. durch das Hubble-Teleskop fast täglich wunderschöne Bilder vom Universum bzw. von den einzelnen Himmelsobjekten zu schießen . Dadurch wird unser Bildmaterial vom Universum zweifellos reichhaltiger . Es genügt aber keineswegs, daß man sich darüber nur freut oder wundert, sondern es ist dringend notwendig , daß darüber intensiv Gedanken gemacht werden, um die Geheimnisse des Universums zu enträtseln.

Es werden äußerst kostspielige Projekte durchgeführt, und stur immer weitergeführt ,deren Erfolglosigkeit eindeutig vorauszusehen sind und die somit von vornherein zum Scheitern verurteilt sind.

Es wird zu viel getan und viel zuwenig nachgedacht.

Auch im Bereich der Botanik und auch im Agrarbereich sieht es nicht rosig aus. Die Pflanzen werden mehr oder weniger vernachlässigt, obwohl, wie wir noch sehen werden, sie für uns von vitalem Interesse sein müssten, **da wir ihnen buchstäblich unser Leben verdanken.**

Es stehen dort nicht einmal ausreichende und vernünftige Untersuchungsmethoden zur Verfügung, geschweige denn ausreiche Diagnostik- und effektive Therapieverfahren.

Der Stand der Forschung auf den Gebieten der Botanik und Landwirtschaft muß als mangelhaft bezeichnet werden , ja sie stehen ,etwa verglichen mit der Medizin, noch in der Kinderstube der Forschung mit erstaunlich geringem Wissensstand .

So könnte z.B. der Ertrag der Landwirtschaft erheblich gesteigert werden.

Es ist also höchste Zeit für eine Revolution der Naturwissenschaften ,wie durch dieses Buch geschieht.

Die heutige Physik und Astronomie muß total modernisiert und revidiert werden. Das geschieht durch dieses Buch, das außerdem dazu viele Anregungen gibt.

Die Botanik und Landwirtschaft müssen massiv in Schwung gebracht werden, durch Beachtung und Korrektur der Fehlentwicklungen, durch intensivere und insbesondere **effizientere** Forschung .

Es muß auch endlich das Prinzip der Wirtschaftlichkeit im Bereich der wissenschaftlichen Forschung beachtet werden, wo jährlich Milliardenbeträge buchstäblich in den Sand gesetzt werden, damit die gesamte Forschung ebenfalls erheblich effizienter wird.

Es ist gut , Irrtümer zu entdecken , noch besser ist es aber die Irrtümer richtig zu stellen und zu zeigen , wie Korrekturen aussehen können .

Dieses Buch ist deswegen   nicht destruktiv , sondern durchaus konstruktiv, wie Sie selbst im Laufe der Lektüre diese Buches feststellen werden .

Kapitel 2

Untersuchung der Pflanzen

In der Botanik und Landwirtschaft

Leider kümmern wir uns viel zu wenig um die Pflanzen. Es ist höchste Zeit, daß sich das ändert, da dieses Verhalten keineswegs gerechtfertigt ist, denn wie wir noch sehen werden, spielen die Pflanzen eine äußerst wichtige Rollen in unserer Welt, ja wir verdanken ihnen sogar buchstäblich unser Leben:

> **1. Sie liefern Sauerstoff und haben dafür gesorgt, daß im Laufe der Jahrmilliarden unsere Erdatmosphäre sich überhaupt mit Sauerstoff angereichert hat.**

> **2. Als landwirtschaftliche Produkte sind sie die Grundlage unserer Ernährung.**

Zunächst wollen wir uns einige Bilder ansehen, um uns von der Schönheit der Pflanzenwelt zu überzeugen:

Bildquelle : PixelQuelle.de

Orchidee

(Abb. 1)

Bildquelle : PixelQuelle.de

Seerose

(Abb. 2)

Bildquelle :Pixelquelle.de

Dahlie

(Abb. 3)

Bildquelle : PixelQuelle.de

Seerose

(Abb. 4)

Bildquelle : PixelQuelle.de

Lilie

(Abb. 5)

Landschaft

(Abb. 6)

Leider gibt es im Bereich der Botanik und auch bei der Landwirtschaft keine einheitlichen und standardisierten Untersuchungsmethoden mit anschließenden diversen Zusatzuntersuchungen, wie beispielsweise bei der Medizin.

In der Medizin gibt es z.B. ein mehr oder weniger standardisiertes Untersuchungsprogramm beginnend etwa mit ausführlicher Erhebung der Anamnese, physikalische Untersuchung ,Blutabnahme mit

anschließenden ausführlichen Laboruntersuchungen im Blut ,die in der Medizin von entscheidender Bedeutung sind , Urinuntersuchung, und je nach dem Fall evt. Zusatzuntersuchungen wir Sonographie, Röntgen usw.

Pflanzen haben zwar kein Blut , verfügen wohl aber über Saft .

Vergleichbare Untersuchungen sind bei Pflanzen aber bisher unbekannt .

Bei den Pflanzen bietet sich aber dazu die getrennte Untersuchung der Säfte des Xylems und des Phloems, die eine echte Besonderheit darstellt (näheres s. Kapitel 3).

Es sind aber zu unterscheiden zwischen den folgenden Untersuchungen:

1. Inspektion d.h. genaueres Ansehen der Pflanzen.

2. Untersuchung der Blätter und Nadeln und sonstige Bestandteile der Pflanzen z.B. zur groben Feststellung ,ob Gewebsveränderungen vorliegen, ob krankhafte Veränderungen oder Mangelerscheinungen vorhanden sind, oder ob die Ernäherung richtig ist , ob ein Parasitenbefall vorliegt usw.

3. Mikroskopische Untersuchung der Pflanzen bzw. Untersuchung mit der Lupe : u.a. zur Feststellung bzw.

Nachweis und Diagnose von folgenden Veränderungen bzw. Zuständen :

a. Morphologischen Veränderungen von Zellen bzw. Zellverbänden : z.B. **Degenerative Veränderungen** der Zellen, **Atrophien** (Verkleinerung) , **Hypertrophien** (Vergrößerungen),Zellvergrößerungen, **Mangelerscheinung Fehlernäherungen, krankhafte Speicherungen von Stoffen, sonstige pathologische** (=krankhafte) **Veränderungen,**

b. Parasitenbefall bzw. Nachweis (Läuse usw.)

4. Untersuchung des Pflanzensaftes z.B. zur Feststellung, ob Bodennährstoffe gut aufgenommen worden sind , ob die jeweilige Pflanze mit den notwendigen Nährstoffen in der richtigen Konzentration versorgt wird (wegen der getrennten Saftuntersuchung des Xylems und des Phloems s. Kapitel 3).

5. Mikroskopische Untersuchung des Bodens auf Bakterien und sonstige Mikroorganismen.

6. Eigentliche Bodenanalyse : Feststellung ob der Boden **sauer, alkalisch oder neutral** ist und in welchem Grad, **Bestimmung von Stickstoff, Phosphor, Schwefel, Kalium Natrium, Magnesium , Calcium, Eisen** durch :

a. PH-Messung
b Fotometrische Untersuchung

c. Chemische Analyse.

18

Diese Aufstellung erhebt keinen Anspruch auf Vollständigkeit, sondern mir kam es im Rahmen dieses Buches lediglich darauf an, einige wichtige Untersuchungsmethoden darzustellen.

Kapitel 3

Getrennte Xylem - und Phloem - Saftuntersuchungen bei Pflanzen in der Botanik und Landwirtschaft

Die Pflanzen verfügen bekanntlich über **2 voneinander getrennten Systeme zum Transport von Säften** , nämlich **das Xylem- und das Phloem-System** .

In den Röhren des **Xylem-Systems** werden nur die Säfte **transportiert, die die Pflanze von der Erde aufgenommen hat,** nämlich Wasser und die Mineralien wie Stickstoff und Phosphor, Kalium Natrium, Eisen usw. während in dem Phloem-System die Stoffe transportiert werden **, die die Pflanze selber synthetisiert hat** , nämlich z.B. Kohlenhydrate und Aminosäuren als wässrige Lösungen.

Das ist somit eine sehr interessante Besonderheit der Pflanzen gegenüber den Menschen und Tieren, nämlich die Tatsache, daß sie über zwei getrennte System zum Transport von Stoffen bzw. Säften verfügen, die die **von draußen** aufgenommen und die sie **selber synthetisiert** haben.

Z.B. in der Medizin wenn wir beim Menschen **Blut abnehmen** , **ob es Venenblut, arterielles Blut oder Kapillarblut** ,werden wir dort Stoffe finden die gerade aufgenommen worden sind neben anderen Stoffen, die der Körper selbst synthetisiert hat , da **hier ein getrenntes System wie bei den Pflanzen nicht gibt.** Wenn wir unterscheiden wollen , welche Substanz der Körper aufgenommen hat, so ist dies nur mit einigen Tricks möglich und ist somit keineswegs so einfach, wie bei den Pflanzen.

Gerade auch deswegen ist es sehr erstaunlich, daß die Möglichkeit des Ausnutzens dieser Besonderheit bei der Diagnostik und Therapie der Pflanzenerrankungen erst in den letzten Jahren entdeckt worden sind , wobei ich selber bei der Entdeckung , Methodik und Analyse und Durchschauen der immensen diagnostischen und therapeutischen Möglichkeiten eine der Pioniere auf diesem Gebiet gewesen bin.

Bei der getrennten Analyse der Säfte des Xylems und des Phloems gibt es aber zunächst Probleme bei der Abnahme dieser Säfte , da sie nicht so in größeren Mengen fließen, wie beim Blut , und ferner da die Durchmesser der Gefäße und Röhren bei Pflanzen äußerst klein sind .

Es gibt verschiedene Möglichkeiten zur getrennten Saftabnahme des Phloems und des Xylems bei Pflanzen :

1. **Einstich mit einer sehr dünnen Kanüle am Stamm mit Saugeinrichtung (evt. Kompressor).**

2. **Ein Blatt abreißen oder abschneiden und die Säfte von der Schnittstelle absaugen.**

3. Ein Blatt abreißen oder abschneiden und ein Filterpapier kurz auf die Schnittstelle drücken .

4. Saftuntersuchung in der Frucht.

5. Analyse durch Mikrosonden

Die Analyse selbst kann durchgeführt werden durch folgende Methoden :

1. Durch Filterpapier und Elektrophorese .

2. Durch Elektroden.

3. Durch Teststäbchen.

4. Photometrisch bzw. Flammenphotometrisch oder durch Atomabsorptionsspektrometrie .

5. Mikroanalyse.

6. Durch Mikrosonden.

7. Analyse durch Resonanzen.

Es ist zu erwarten, daß durch die getrennte Saftuntersuchungen des Phloems und des Xylems zahlreiche bekannte und bisher unbekannte Ernährungsstörungen und bekannte und bisher unbekannte Erkrankungen bei Pflanzen besser

diagnostiziert werden können,   und viele bisher
unbekannte Ernährungsstörungen Erkrankungen
Überhaupt diagnostizierbar werden.

Erst dadurch wird möglich sein , auch bei Pflanzen
systematisch kausale Therapieformen etwa vergleichbar
mit der Medizin durchzuführen .

Kapitel 4

Einheitsernährung der Pflanzen ?

oder

Fein selektives Düngen

Tragischer Irrtum

in der Botanik und Landwirtschaft

Es ist jedem bekannt und es ist ganz selbstverständlich, daß nicht alle Tiere alles fressen, sondern, daß jede Tierart nur bestimmte Sachen frisst und somit sozusagen eine eigene spezielle Speisekarte hat . Z.B Hühner fressen Körner , Hunde fressen Hundefutter , Katzen füttert man mit Katzenfutter , Pferde fressen Gras und mögen besonders gerne Karotten , Eisbären brauchen Fleisch , Pandabären fressen Bambus usw.
Kein Mensch würde jemals auf die Idee kommen alle Tiere mit einer Einheitsnahrung zu füttern .

Erstaunlicherweise war auf dem Gebiet der Botanik und Landwirtschaft seit vielen Jahren ein **tragischer Irrtum** unterlaufen ,nämlich alle Pflanzen mit gleichen oder ungefähr gleichen Düngemittel zu düngen und somit zu ernähren.

Erst sehr spät und zwar erst in den letzten Jahren hat sich dies mit zunehmender Tendenz geändert, allerdings minimal, indem es z.B. spezielle Düngemittel für Koniferen ,für Rosen, für Rhododendren usw. gibt. **Meines Erachtens müsste dies noch erheblich verfeinert werden**, wenn man der Sache gerecht werden will. Dazu wäre allerdings **eine erheblich differenziertere Forschung** erforderlich, unter der besonderen Berücksichtigung der Eigenarten einzelner Pflanzenspezies.

Es gibt im übrigen auch ein großes Wirrwarr bei den **Düngemitteln** für die Pflanzen. Man unterscheidet zwischen den **mineralischen** und **organischen** Düngemitteln einerseits und ferner den **Volldüngemitteln** andererseits.

Es gibt daneben auch Düngemittel, die nur eine bestimmte Substanz enthalten , wie z.B. Stickstoffdünger , die man mit anderen mischen kann und womit man nachdüngen kann .

Fast alle Pflanzen sind leider bekanntlich unbeweglich und können nicht weglaufen und ihren Platz ändern und somit eine Nahrung suchen, die ihnen schmeckt, so wie es die Tiere tun.

Da die Pflanzen im allgemeinen nicht so wählerisch zu sein scheinen wie die Tiere , macht sich die nicht richtige Ernährung meist zunächst dadurch bemerkbar, daß sie sich **nicht optimal entwickeln** , also z.B. nicht so schöne Blätter oder Blüten entwickeln , und falls sie essbar sind wie Obst und Gemüse, nicht so gut schmecken.

Meist spätere Reaktionen sind **langsameres Wachstum** , **Einstellen des Wachstums** , **Farbänderungen und Nekrose der Blätter** usw. , und **im Extremfall das Absterben der Pflanzen,** falls ihnen die Ernäherung gar nicht passend oder total mangelhaft ist.

Ich bin der Meinung, daß jede Pflanzenart eine spezielle Ernährung braucht und bedarf , die speziell für diese Pflanzenart geeignet ist , damit diese Pflanzenart sich optimal entwickeln kann .

Dadurch fühlen sich nicht nur die Pflanzen wohler und entwickeln sich besser, sondern dadurch läßt sich auch der Ertrag in der Landwirtschaft erheblich steigern.

Kapitel 5

Pflanzendoktoren bzw. Pflanzenärzte

Studium der Pflanzenmedizin?

Bekanntlich gibt es auf dem Gebiet der Medizin zahlreiche niedergelassene Ärzte und Fachärzte für Patienten, und auch für die Tiere gibt es ein mehr oder weniger dichtes Netz von einer ganzen Reihe von niedergelassenen Tierärzten. **Leider gibt es aber für Pflanzen keine vergleichbaren Pflanzenpraxen und Pflanzendoktoren zur Diagnose und Therapie von Pflanzenerkrankungen.**

Vielmehr gibt es bis heute lediglich nur einige Online-Dienste, die sich so nennen und wo meist mehr oder weniger allgemeine Beratung angeboten wird, und einige Pflanzenärzte, die meist für landwirtschaftliche Gesellschaften , bei Landwirtschaftskammern , in der Forschung oder auch für einige Gartenzentren oder ähnlichen Einrichtungen tätig sind.

Es gibt bis heute auch **kein einheitlichen und spezielles Studium dafür**, vergleichbar etwa mit dem Medizinstudium oder mit dem Studium bei der Tiermedizin.

Es gibt für Pflanzen bis heute auch kein Netz von Praxen für Pflanzen oder kein Netz von niedergelassenen Pflanzendoktoren, wo die Leute mit Ihren Pflanzen hingehen können.

Ich habe im Rahmen meiner weiteren wissenschaftlichen Arbeiten auf dem Gebiete der Landwirtschaft und Botanik bereits darauf hingewiesen, daß es bei Pflanzen auch keine standardisierte Untersuchungsmethoden gibt , etwa vergleichbar mit der Medizin (vergl. auch Kapitel 2).

Das ist aber insbesondere im Hinblich auf die große Bedeutung der Pflanzen keineswegs gerechtfertigt, da wir praktisch unsere Existenz den Pflanzen verdanken, da sie durch Sauerstoffproduktion dafür gesorgt haben, daß sich in der Atmosphäre der Erde Sauerstoff angereichert hat , ohne dessen wir bekanntlich innerhalb kürzester Zeit tot wären.

Wenn z.B. durch größere Seuchen ein großer Teil der Pflanzen der Erde absterben würde, wäre die Existenz der ganzen Menschheit hier auf der Erde massiv gefährdet.

Hinzu kommt, daß leider die meisten Krankheiten der Pflanzen nicht gut erforscht sind und auch insbesondere die Ursache vieler Pflanzenkrankheiten im Dunkeln liegen.

Genauso ist es mit der Therapie der Pflanzenerkrankungen.

Diese Missstände sind besonders markant deutlich geworden bei den letzen größeren Absterben von Bäumen, insbesondere von Koniferen, bei denen systematisch eine gigantische Zahl der Bäume vernichtet wurden.   Mit dem verantwortlich machen der Umwelt alleine ist sicherlich die eigentliche Ursache des Massenabsterbens der Bäume keineswegs erfasst worden   . Es standen   vermutlich irgendwelche Krankheitserreger wie Viren dahinter, die jedoch nicht entdeckt werden konnten.

Dies erinnert sehr am Verhalten der Menschheit bei der Seuche Pest im Mittelalter, wo Millionen Leute starben und man Mangels an Kenntnissen damals etwa „ die schlechten Düfte" dafür verantwortlich machte.

So ist auf dem Gebiete der Humanmedizin in den letzten Jahrzehnten durch systematische Forschung und durch helle Köpfe Riesenfortschritte gemacht worden und gelungen **nicht nur beim Pest den Erreger (Yersinia pestis) und den Übertragunsmechanismus** durch **Rattenflöhe** und somit die eigentlich Ursache zu finden , sondern auch bei Zahlreichen anderen Erkrankungen wie beim **Gelbfiber** , an dem z.B. bei Bau des Panama-Kanals zahlreiche Arbeiter sich infizierten und starben , ebenfalls den Erreger (**Gelbfieber-Virus**, ein   RNA-Virus , das den   **Flaviviren** gehört) und auch den **Übertragungsmechanismus** durch die **Mücke Aedes aegypti** zu entdecken .

Zusammengefaßt muß festgestellt werde, daß die Erforschung der Pflanzen und ihre Krankheiten weit weit zurückgeblieben und vernachlässigt worden ist . Das fällt besonders auf, wenn man Vergleiche mit der Medizin anstellt, wo erheblich detailliertere Informationen z.B. über die verschiedenen Erkrankungen zur Verfügung stehen und wo erheblich bessere Diagnostik- und Therapieverfahren existieren und wo man erheblich bessere Beratung und Hilfe bekommen kann.

Das wird vermutlich hauptsächlich daran liegen , daß das Interesse bei eigenen Gesundheitsstörungen erheblich größer ist als bei den Problemen der Pflanzen. Deswegen werden die Probleme der Pflanzen zu Unrecht vernachlässigt.

Es wäre wichtig über solche Sachen und über die fundamentale Wichtigkeit der Pflanzen für unsere Existenz auf der Erde nachzudenken und endlich anzufangen die Forschung über die Pflanzen erheblich zu intensivieren und erheblich mehr über die Diagnostik und Therapie der Pflanzen nachzudenken , die wie bereits erwähnt, heute sehr weit zurückgeblieben sind und sozusagen noch am Anfang stehen.

Ich möchte ferner anregen bald Fakultäten einzurichten zum Studium von Pflanzenmedizin und zur Ausbildung von Pflanzendoktoren.

Kapitel 6

Der Sinn und Unsinn
der
Tierversuche

Es wird geschätzt, daß **weltweit mindestens ca. 100 Millionen Tiere** für die Tierversuche verwendet werden.

In **Europa** beträgt die Zahl der Tierversuche **über 10 Millionen pro Jahr.** **Alleine in Deutschland werden jährlich ca. 2,2 Millionen Tierversuche durchgeführt ,** basierend auf den Statistiken für 2007, wobei diese Versuche in der Regel mit dem Tod der Tieren enden.

Diese Tierversuche dienen der sogenannten **Grundlageforschung**, der **Arzneimittelforschung**, den Untersuchungen der möglichen **Nebenwirkungen der Wasch- und Putzmittel und der Kosmetika**, den **toxikologischen Untersuchungen**, der **Gentechnik**, **Studium bzw. Ausbildung** u.a.

Opfer dieser Tierversuche sind in erster Linie die Nagetiere **Raten und Mäuse**, deren Anteil ca. 80% beträgt , es werden aber auch **Kaninchen, Meerschweinchen, Hühner, fische, Hunde, Katzen, und Affen** verwendet.

Ganz abgesehen von der wichtigen Tatsache , daß die Tiere dabei getötet werden und vorher teilweise erheblichen Qualen ausgesetzt werden, sind diese Tierversuche mit dem Einsatz von erheblichen finanziellen Mitteln verbunden.

Es erhebt sich nun die Frage, ob diese Tierversuche überhaupt und wenn ja, ob sie in dieser großen Zahl erforderlich sind.

Man gewinnt vielfach den Eindruck, daß manchmal ziemlich ziellos bzw. kopflos Tierversuche durchgeführt werden.

Ich habe im Rahmen meiner wissenschaftlichen Arbeiten schon mehrfach darauf hingewiesen daß Jede wissenschaftliche Untersuchung zuerst **im Kopf** anfangen muß, so selbstverständlich auch das ist. Leider wird aber vielfach davon viel zu wenig Gebrauch gemacht.

Es gibt ferner eine größere Zahl von **In-Vitro-Untersuchungen** , d.h. Untersuchungen im Reagenzglas. Leider wird auch davon viel zu wenig Gebrauch gemacht.
Im Zeitalter des **Computers** gibt es außerdem viele Möglichkeiten z.B. bei der Entwicklung von Arzneimitteln davon Gebrauch zu machen . Es gibt mittlerweile auch viele **Computersimulationen.**

Alleine durch Einsetzen dieser Möglichkeiten können die Zahl der Tierversuche erheblich reduziert werden .

Zu den Tierversuchen in einzelnen Bereichen ist aber Folgendes zu bemerken :

1. **Tierversuche für die Arzneimittelforschung – und entwicklung**: Bei einigen chemischen Verbindungen lässt sich im voraus vermuten, daß sie bestimmte Wirkungen oder schwere Nebenwirkungen haben werden. Hier sind natürlich Tierversuche nicht erforderlich. Bei den meisten chemische Verbindungen läßt sich aber vorher keine Aussagen darüber machen , daß sie schwere Nebenwirkungen haben werden. Hier sind natürlich Tierversuche völlig unentbehrlich, wenn man die Risiken der schweren Nebenwirkungen nach der Markteinführung dieser Medikamente ausschließen bzw. minimieren will.

Es muß erwähnt werden , daß auch bei Tierversuchen vor der Einführung eines Medikamentes nicht völlig auszuschließen ist, daß das Medikament trotzdem schwere Nebenwirkungen zeigt. Hier muß z.B. an das Medikament Contergan erinnert werden ,das zwar im Allgemeinen sehr gut verträglich war, aber durch die Placenta-Schranke durchging und bekanntlich schwere Missbildungen bei Embryos verursachte.

Zusammengefasst kan zwar die Zahl der Tierversuche bei der Arzneimittelforschung erheblich eingeschränkt werden, sie bleiben aber trotzdem unentbehrlich, d.h. daß eine gewisse Zahl der Tierversuche **muß** unbedingt durchgeführt werden.

2. Tierversuche zur Erfassung möglicher Nebenwirkungen der Wasch- und Putzmittel und der Kosmetika : Hier sind die Tierversuche in dieser großen Zahl zweifellos nicht erforderlich, d.h. **die Zahl der Tierversuche kann hier bis auf ein Minimum reduziert werden.**

3. Tierversuche zur Grundlagenforschung:

Diese Tierversuche dienen der Vermehrung des medizinischen bzw. naturwissenschaftlichen Wissens .
Bei größer Überlegung und Denkarbeit kann auch hier die Zahl stark reduziert werden.

4. Tierversuche in der Genetik: Hier sind die Ergebnisse kaum vorhersehbar und deswegen wird auch die Zahl der Tierversuche hier **kaum reduzierbar** sein.

Zusammengefaßt lässt sich also feststellen, daß die Zahl der Tierversuche erheblich reduziert, dadurch z.T. erhebliche Tierquälereien vermieden , eine immense Zahl getöteter Tiere verhindert und daneben auch erhebliche Geldbeträge gespart werden kann, da auch hier das Prinzip Wirtschaftlichkeit vielfach offensichtig viel zu wenig Beachtung findet.

Kapitel 7

Meine Theorie

über die Kommunikation der Atome,

Moleküle, Pflanzen und Tiere ,

untereinander und mit der Umwelt

Können nur die Menschen untereinander kommunizieren ?
Können auch die Tiere und Pflanzen sich gegeneinander verständigen?
Sind die Atome und Moleküle wirklich tot, oder können sie auch miteinander Informationen austauschen?

Die Menschen sind bekanntlich die einzigen Lebewesen, die sprechen und durch die Sprache miteinander kommunizieren können.

Die Frage ist aber ,ob alle übrige Lebewesen ganz stumm sind und ohne jeglichen Informationsaustausch?

Vieles spricht dafür, daß nicht nur auch Pflanzen und Tiere untereinander und mit der Umwelt laufend kommunizieren , sondern sogar , das was wir als „tote" Materie bezeichnen , nämlich die Atome und Moleküle.

Z.B. folgende Beobachtungen und Experimente sprechen dafür und beweisen es sogar:

1. **Neuere Experimente der Quantenphysik** :

    a. **Der Beobachter und das von ihm beobachtete Objekt sind von einander abhängig,** d.h. durch eine Änderung der Beobachtungsweise , z.B. durch Änderungen der Einzelheiten eines Experiments, wird auch das Verhalten der Elementarteilchen beeinflußt und geändert ,z.B. ob das Photon als Teilchen oder als Welle in Erscheinung tritt, ist abhängig von den Bedingungen des Experiments

    b. **Es besteht gegenseitige Abhängigkeit zwischen den beiden Teilchen eines Paares**, d.h. das Verhalten eines dieser beiden Teilchens wird geändert, wenn die Bedingungen des anderen Teilchens geändert werden, auch bei größerer Entfernung.

c. Die Elementarteilchen haben auch die Fähigkeit ,
kurz aus der Oberfläche der Materie heraus zu
kommen und haben sogar die Fähigkeit   zum
Nachbargebiet   zu   durchtunneln   (der
Tunneleffekt) .

d. Das Vakuum ist nicht leer, wie früher   geglaubt
worden   war,   sondern   dort   befinden   sich
**Elementarteilchen, die sich laufend in Energie
umwandeln und umgekehrt.   Es entsteht
anscheinend aus Nichts durch die   sogenannte
Quantenfluktuation laufend Materie** .

2. Emission und Absorption der Lichtquanten bzw.
Quantensprünge .   Elektronen eines Atoms können
durch Absorption eines Photons auf ein höheres
Energieniveau springen (Quantensprung). Sie können
aber auch auf ein tieferes Energieniveau springen , was
verbunden ist mit einer Emission vom   einem Photon
einer bestimmten und charakteristischen Wellenlänge.
Auf diese sehr interessanten Phänomene wird unten
weiter eingegangen .
Nur soviel hier an dieser Stelle : **Durch die Emission
und Absorption ganz   bestimmter und
charakteristischer Wellenlängen und somit Farben
teilen sich die Elektronen hierdurch praktisch mit
und kommunizieren mit der Umwelt .**

3. Pauli-Prinzip : In einem Atom   können niemals zwei
Elektronen denselben Quantenzustand besitzen, dies
bedeutet daß die Elektronen nicht in allen 4
Quantenzuständen n, l, m , s übereinstimmen können .

Es erhebt sich hier die Frage, woher die einzelnen Elektronen wissen, in welchem Zustand sich die anderen Elektronen befinden ? Ohne eine Kommunikation und Erfahrungsaustausch wäre dies nicht möglich . **Deswegen müssen die Elektronen miteinander kommunizieren .**

4. Neuere Untersuchungen im Rahmen der Materialforschung haben gezeigt, daß ständig einzelne **Atome eines Kristallgitters der Materie ihre Position innerhalb des Gitters verlassen , innerhalb der Materie weiter wandern, und sich in ein neues Kristallgitter einfügen können.** Dies wird bezeichnet als **Diffusion** in Gittern . **Dadurch stehen die einzelnen Teile der Materie unter ständigem Kontakt miteinander** und dadurch werden sehr wahrscheinlich Informationen innerhalb der Materie übertragen und ausgetauscht.

5. Ebenfalls im Rahmen der neueren Untersuchungen wurde festgestellt, daß **einzelne Atome der Oberfläche der Materie laufend aus der Oberfläche herausragen** und somit mit der Umwelt in Kontakt treten .

6. Wir wissen aus der Chemie, daß **die Atome eines Moleküls** nicht etwa still stehen , wie scheinbar aus einer Strukturformel hervorgehen mag , sondern **sich in ständiger Schwingung befinden** . Es ist bereits nachgewiesen, daß diese Schwingungen elektromagnetische Wellen hervorrufen (s. unten).

7. **Chemische Verbindungen:** Am Beispiel des Kochsalzmoleküls (**NaCl**) möchte ich auch dieses Phänomen genauer erklären (und muß zwecks besseren Verständnisses dieser Phänomene hier einiges nochmals wiederholen) :

Das Kochsalzmolekül besteht , wie bereits erwähnt, aus einem **Natrium**- und einem **Chloratom** .
Das **Natriumatom** mit der Ordnungszahl 11 auf der Mendelejewschen Tabelle, **das in seiner 3. (äußeren) Schale nur ein einziges Elektron** hat , **hat 1 Elektron an das Chloratom   abgegeben** und somit dieses sozusagen **überzählige** Elektron auf seiner äußeren Schale in idealer Art und Weise los geworden , sodaß seine nächst tiefere 2. Schale nunmehr mit 8 Elektronen ideal voll besetzt ist
Das **Chloratom** mit der Ordnungszahl 17 hat auf seiner äußeren 3. Schale **ein Elektron vom den Natrium aufgenommen   und   somit   seine   gesamte Elektronenzahl mit 18   ideal   komplementiert. Das Produkt ist also ein ziemlich ideales Ergebnis.**

Das Produkt hat **völlig andere Eigenschaften** als seine chemischen Bestandteile Na und Cl, genau so wie auch bei den anderen chemischen Verbindung .

Das Chloratom und das Natriumatom haben sich also zu etwas höherwertigerem zusammengeschlossen und sich in idealer Weise ergänzt.

Es erheben sich hier u.a. folgende Fragen: Woher wußten die einzelnen Cl-Atome Bescheid über die Zahl der Elektronen auf der äußeren Schale der Na-

Atome und umgekehrt? Woher wußten die Cl- und die Na-Atome, daß sie zueinander passen würden ?

Ganz allgemein erhebt sich hier die Frage : Woher wissen die einzelnen Atome und Moleküle , die sich miteinander verbinden , mit welchen anderen Atomen und Molekülen sie Verbindungen eingehen können und zu welchen Atomen und Molekülen sie passen ?

Ohne eine gegenseitige Kommunikation wäre dies völlig undenkbar .
Deswegen muß auch hier eine Kommunikation und Erfahrungsaustausch stattfinden .

8 Es muß auch ein **intensiver Informationsaustausch zwischen den einzelnen Genen innerhalb der Chromosomen einer Zelle** stattfinden .
Denn jedes **Gen** ist für andere Funktionen zuständig. Das Tätigwerden der einzelnen Gene muß vielfach nacheinander nach einem bestimmten Schema erfolgen, z.B. bei der **Embryogenese** (Entwicklung eines Embryos).
Wir wissen aus der **Embryologie**, z. B. ,daß keineswegs alle Organe eines Embryos gleichzeitig entstehen, sondern nach einem bestimmten Schema . Woher wissen die einzelnen **Gene** für die Entstehung der einzelnen Organe und der einzelnen Teile des Körpers Bescheid, wann sie in Funktion treten sollen und wann die vorher tätig gewordenen fertig sind ?

Chromosomen bestehen bekanntlich aus Nukleinsäure (DNA) . Es handelt sich um größere

Moleküle , die aus jeweils 3 Bausteinen (Base, Pentose und Phosphorsäure) bestehen und jeweils in 2 Ketten hintereinander gereiht wendelförmig angeordnet sind.
Bei den **Basen** handelt es sich praktisch um die **Buchstaben des Lebens** , wobei es sich nur um **4 Basen bzw. Buchstaben** handelt : Cytosin , Thymin (Pyrimidin- Derivate mit jeweils einem Ring)) , Adenin und Guanin (Purin-Derivate mit jeweils 2 Ringen). Sie werden abgekürzt als C, T, A und G . **Das Alphabet des Lebens bzw. das Code-System der Chromosomen arbeitet also nur mit 4 Buchstaben** und trotzdem ist es möglich ,durch viele Kombinationen , so viele Informationen   d.h. die gesamten erblichen Eigenschaften eines Individuums zu speichern .
Damit Sie sich ungefähr vorstellen können , um wieviele Informationen es sich dabei handelt , ist zu sagen **daß z.B. in den Chromosomen der Menschen ca. 3 Milliarden Buchstaben vorhanden** sind , dies wäre der Inhalt von **100 Büchern mit jeweils 1000 Seiten , wobei jeweils 3 Buchstaben eine Information bilden.**

9. Es muß ein **umfangreicher Informationsaustausch zwischen den DNA- Molekülen** (Bausteine der Chromosome) **und der Umwelt stattfinden** . Anderes ist die Evolution weder möglich, noch vorstellbar. Wie sollten sich sonst die DNA- Moleküle laufend an die Umwelt anpassen , die Überlebensfähigkeit der Lebewesen laufend verbessern und immer weiter entwickelte Lebewesen zustande bringen , wie wir aus der Evolution kennen? Unabdingbare Voraussetzung dafür wäre , daß die DNA laufend Informationen aus der Umwelt erhält .

10. Es ist bekannt und experimentell nachgewiesen, daß **Pflanzen ihre Umgebung spüren** , z.B. **Pflanzen fühlen sich wohler (wachsen z.B. besser) , wenn sie regelmäßig gestreichelt werden, wenn man in ihrer Nähe musiziert und ferner wenn artgleiche Pflanzen nebeneinander stehen. Es ist ferner bekannt, daß einige Pflanzen neben einigen Pflanzen sich wohler fühlen und neben einigen anderen Pflanzen sich so unwohl fühlen , daß sie sogar absterben** .

11. Daß auch die **Tiere** untereinander intensiven Kontakt haben , ist eine bekannte Tatsache , sodaß eine ausführlichere Darstellung hier an dieser Stelle sich erübrigt .
Dieser Kontakt geschieht u.a. auch durch Töne , die teilweise im Ultraschalllbereich und teilweise im sehr tiefen Bassbereich liegen .

12. Es muß auch ein Informationsaustausch stattfinden **zwischen den Gehirnen der Menschen untereinander,** da anders die Phänomene der **Telepathie** (die nicht zu leugnen ist) nicht zu erklären sind . Wir haben z.B. sicherlich alle schon erlebt, daß manchmal wenn wir an eine Sache denken, jemand , der in der Nähe steht , ebenfalls gleichzeitig an dieselbe Sache denkt und dies auch äußert. Man spricht in diesem Zusammenhang in der Umgangssprache sogar von der **Gedankenübertragung** .

Wie können diese Kommunikation stattfinden ?

Im **Mikrobereich** spielen Ladungen ,sei es **negative Ladungen** der **Elektronen** und **Kationen**, sei es **positive Ladungen** der **Protonen** und **Anionen** eine sehr wichtige Rolle und **es wäre äußerst plausibel, daß sie Informationen übertragen und so Kommunikationen ermöglichen.**

Elektrische Felder , die durch Bewegungen der frei beweglichen Elektronen entstehen und die sie begleitenden **Magnetfelder** und auch die **magnetischen Dipole der Atome** sind ebenfalls als Kommunikationsmittel sehr gut geeignet. Insbesondere aber die **elektromagnetischen Wellen sind die perfekten** Mittel zur Informationsübertragung und dienen sogar auch als **Kommunikationsmittel der gesamten Bestanteile des Universums** auch über Entfernungen von Milliarden Lichtjahren (z.B. Licht und Radiosignale , die wir von Sternen und Galaxien empfangen).

Es ist also sehr naheliegend und sogar äußerst plausibel, daß die Kommunikation zwischen den Atomen , Molekülen, Pflanzen und Tieren durch die elektromagnetischen Wellen (Radiowellen) geschieht , bei sehr kleinen Distanzen auch durch die elektrischen Ladungen und durch die Magnetfelder.

Es ist bereits bekannt, daß einzelne **Atome und Moleküle** charakteristische **Spektren (Emissions- und**

Absorptionsspektren) haben , aufgrund dessen sie eindeutig identifiziert werden können .

Es ist dabei zu bedenken, daß die elektromagnetischen Wellen der Atome erheblich einfacher aussehen, als die elektromagnetische Wellen der Moleküle , da die Moleküle bekanntlich jeweils aus mehreren Atomen bestehen . Die Wellen der organischen Moleküle und insbesondere der großen organischen Moleküle , wie Eiweiße und DNA müssen noch erheblich komplizierter sein .
Die Ringstrukturen der Moleküle dürften bei der Entstehung der elektromagnetischen Wellen eine wichtig Rolle spielen .

Bei den Pflanzen und den Tieren werden die Wellen noch komplizierter sein .

Die **Frequenz** dieser elektromagnetischen Wellen dürfte je nach der Größe der miteinander kommunizierenden Teile entweder im **Lichtbereich** (inklusive **Infrarotbereich**) und zumindest bei Pflanzen und Tieren im **Gigaherz-Bereich** der elektromagnetischen Strahlen liegen .

Es lohnt sich Versuche durchführen zwecks Nachweis dieser Wellen , die jedoch sehr schwach sein werden und deswegen schwierig messbar. Es wäre jedoch eine sensationelle Sache sie nachzuweisen.

Der Nachweis solcher Wellen würde gleichzeitig sehr viele Phänomene in der Natur erklären , die bisher unerklärbar sind , von denen einige wenige oben als Beispiel erwähnt worden sind .

Auch das **EEG** wird wahrscheinlich von elektromagnetischen Wellen begleitet und der Nachweis dieser Wellen würde uns helfen die EEG-Wellen besser zu verstehen .
Dasselbe dürfte auch für das **EKG** zutreffen .

Ferner dürfte diese Kommunikation selbstverständlich auch **durch direkten Kontakt** stattfinden.

Deswegen **lebt auch die als tot bezeichnete Materie (s. mein Buch „ Leben, Krankheit, Altern, Tod"** , ferner **meine betreffenden wissenschaftlichen Arbeiten),** wobei auch die Bestandteile der Materie, die **Atome und Moleküle**, ja sogar auch die einzelnen Bestandteile der Atome , nämlich die **Elektronen , Protonen und Neutronen , durchaus lebendig sein dürften. Sie alle stehen in ständigem Kontakt miteinander und auch mit der Umwelt** .

wir müssen deswegen unsere Vorstellung über das Leben und den Zustand, den wir als tot bezeichnen, gründlich überdenken , wenn wir viele Phänomene auf unserer Erde sowie im ganzen Universum verstehen wollen .

Das Leben, wie wir es erleben, ist nichts Phänomenales , sondern ist eine im Universum weit verbreitete Erscheinung und ist eng mit der Materie verbunden. Nur die einzelnen Formen sind verschieden und sind verschieden stark entwickelt **(vergl. auch mein Buch „ leben , Krankheit, Altern , Tod") .**

Eine Pflanze und auch ein Tier erlebt das Leben nicht wie wir es erleben, und erst recht nicht die Materie, sondern anders.

Unser Leben ist das Produkt einer langen Evolution von Milliarden Jahren und hat sich somit im Laufe der Zeit sehr stark entwickelt , differenziert und perfektioniert . Wir verfügen über stark entwickelte und äußerst leistungsfähige Organe wie das Gehirn und ebenfalls stark entwickelte und äußerst leistungsfähige Sinnesorgane , wie Augen und Ohren .
Den Atomen fehlen selbstverständlich solche Organe . Deswegen kann die Kommunikation dort nur auf einem sehr einfachem und primitiven Niveau stattfinden . Hier ist zu erwähnen z.B. die **Emission und Absorption der Lichtquanten** durch die Atome bzw. ihre Elektronen , die auch einen **Informationsaustausch** darstellt .

Nur so ist die ganze Natur und das ganze Universum verständlich.
Und ebenfalls und insbesondere nur so wird die gesamte Evolution der Lebewesen verständlich .

Auch die Materie muß sich laufend darüber orientieren können, was in der Außenwelt los ist, damit sie, soweit es möglich , sich anpassen und somit effektiv überleben kann .

Das gesamte Geschehen auf unserer Erde ab ihrer Entstehung vor ca. 4,6 Milliarden Jahren wäre überhaupt nicht verständlich , wenn wir meinen würden , daß nur das was wir als Lebewesen bezeichnen , leben würde und alles andere tot wäre .

Wie würde dann die Evolution zustande gekommen sein und wie würden die DNA-Moleküle festgestellt haben , was überlebensfähig ist und was nicht , und wie und in welcher

Richtung die Evolution weiter gehen kann ? (vergl. auch
mein Buch „ Geheimnisse der Evolution").

**Auch das ganze   Universum wäre überhaupt nicht
verständlich , wenn man meinen würde, es würde sich
bloß um einen wilden Haufen von toten Steinen und toter
Materie handeln, die wild in dem Raum fliegen würden.**

**Deswegen lebt auch die tote Materie im ganzen
Universum , wenn auch ganz anders als wir. Alles steht
miteinander in Kommunikation** . wobei die Art der
Kommunikation ganz verschieden ist . Wenn die Abstände
es ermöglichen, ist diese Kommunikation natürlich durch den
direkte Kontakt möglich , oder durch **elektrische Ladung**
oder **Magnetfelder** . Sonst erfolgt der Kontakt durch
elektromagnetische Wellen , wie Radiowellen, Licht , oder
Gravitationswellen, je nach der Entfernung oder sonstigen
einzelnen Umständen. Wir kennen auch Kommunikation
durch **andere Wellen**, wie z.B. die Schallwellen   ,
Wasserwellen , aber auch die Erdbebenwellen müssen hier
genannt werden .

**Die elektromagnetischen Wellen sind   praktisch die
Boten des Universums (Näheres s. Band I meines
Buches „ Grosse Geheimnisse des Universums" und
meine   wissenschaftliche   Arbeit   über   die
elektromagnetischen Wellen).**

Z. B. wir können hier auf unserer Erde das **Licht** der Sterne
empfangen, die Milliarden Jahre von uns entfernt sind   .
Genauso können auch mögliche Bewohner der Planeten der
betreffenden Sterne das Licht unserer Sonne empfangen .

Wir wissen ferner aus der Physik, daß der Empfang (Absorption) der Lichtphotonen Effekte an den Atomen verursachen (Quantensprünge) .
Es handelt sich somit um Wechselwirkungen zwischen dem Licht und den Atomen und somit um eine Art **Daten- bzw. Informationsaustausch .**

Aus der Analyse des Lichtes der anderen Sterne können wir z.B. feststellen , welche Elemente auf dem betreffenden Stern vorhanden sind , welche Elemente in der Atmosphäre des Sternes vorkommen und wie heiß ungefähr der betreffende Stern ist.
Ferner verrät uns das Licht der Sterne im Rahmen der Doppler-Effekts , ob der betreffende Stern sich von uns entfernt , oder sich uns nähert und ungefähr mit welcher Geschwindigkeit .

Eine weitere Art der gegenseitiger Kontaktaufnahme durch die elektromagnetischen Wellen im Universum über sehr weite Distanzen geschieht z.B. durch die **Gravitationswellen . Es handelt sich hierbei ebenfalls u.a. um eine Art Datenaustausch** , z.B. bezüglich der gegenseitiger Masse (vergl. auch meine wissenschaftlichen Arbeiten über die Gravitationswellen) .

Röntgenstrahlen und die **Radiowellen** der Himmelskörper sind **weitere Beispiele für die gegenseitige Kontaktaufnahme**, gegenseitigen Datenaustausch und somit gegenseitigen Austausch von Informationen zwischen den Himmelskörpern .

Zusammengefasst ist nur so die Natur und das ganze Universum verständlich , wie oben dargestellt . Das ganze Universum wäre überhaupt nicht verständlich , wenn man meinen würde, es würde sich bloß um einen wilden Haufen von toten Steinen und toter Materie handeln, die wild in dem Raum fliegen würden.

Alle Bestandteile des Universums stehen vielmehr miteinander in Kommunikation .

Kapitel 8

Meine Theorie

über den eigentlichen Sinn der Quantelung, der Konstanz der Atommassen und des

Gesetzes von Proust

Sind die Zeit und der Raum

auch gequantelt ?

Die Frage nach der Quantelung der Zeit und des Raums kann am besten beantwortet werden, wenn man über den **eigentlichen Sinn der Quantlung** nachdenkt und den Sinn entdeckt.

Zunächst wollen wir uns damit auseinandersetzen, weshalb die **Atome** eines Elements wie Wasserstoff immer eine **fest definierte Masse** besitzen . Ferner weshalb **nur bestimmte Mengen eines chemischen Elements** wie Wasserstoff sich mit **bestimmten Mengen eines anderen chemischen Elementes** wie z.B. Sauerstoff verbinden können und nicht etwa beliebige Mengen, die dazwischen liegen ?

Die letztere Tatsache ist in der Chemie seit geraumer Zeit bekannt als das Proustsche Gesetz der konstanten Propotionen , und wie wir inzwischen wissen, beruht dies auf atomaren Strukturen der Materie, nur der Sinn dieser Tatsache war bisher ebenfalls völlig unbekannt.

Meine Theorie über den eigentlichen Sinn der Quantelung, der Konstanz der Atommassen und des Gesetzes von Proust   :

1. **Die Natur ist zwar sehr variabel, aber die Variabilität hat feste Grenzen, sonst würde ein totales Chaos entstehen.**

   Jedes chemische Element muß nur <u>ein</u> bestimmtes Gewicht haben und somit nur über <u>eine fest definierte Masse</u> verfügen, damit die Variabilität nicht allzu groß wird und ins Unendliche ausufert.

   Wenn die Atommassen beliebig und stufenlos variabel wäre, würden z.B. alleine dadurch unendlich viele verschiedene Wasser- oder Kochsalz-Moleküle entstehen und ins Chaos

führen. Dann würde z.B. die Variabilität der Menschen und Tiere, die jetzt auch groß genug ist, erheblich größer werden und ebenfalls chaotische Dimensionen annehmen.

Denn auch so sind die möglichen chemischen Verbindungen der Elemente äußerst groß und groß genug, und dadurch auch die Möglichkeit einer ausreichenden Variabilität . Die chemischen Elemente müssen sich nur in bestimmten Mengen miteinander verbinden können, damit nicht unendlich viele chemischen Verbindung entstehen können, die außer der Entstehung eines Chaos , keinen weiteren Sinn hätten.

Trotz dieser „Einschränkung" durch die Natur besteht die Möglichkeit der Entstehung zahlreicher chemischen Verbindungen, die wie bereits erwähnt, mehr als ausreichend sind ,wie wir alle aus der Chemie kennen, **und trotzdem hat die Natur all das zustande gebracht, was wir in der Natur kennen und es sind sogar auch sehr große Moleküle entstanden, wie z.B. DNS-Moleküle , und somit Lebewesen einschließlich Menschen.**

Genauso ist es mit der Quantelung der Energie. Wenn sie nicht gequantelt wäre bzw. wenn die Quantelung beliebig und fließend variabel wäre, würde dies zwangsläufig zum Chaos führen.

2. Ein weiterer sehr wichtiger und unerlässlicher Grund für die Quantelung der Energie , Konstanz der

Atommassen und des Gesetztes von Proust ist die **Wellenstruktur** der Energie und Materie. Wir wissen, daß sowohl die Materie , als auch die Energie aus Wellen aufgebaut sind . Jede Welle besitzt bekanntlich eine **Wellenlänge** und sogenannte Knoten und Bäuche. Jede Welle braucht entsprechend ihrer Wellenlänge eine bestimmte Raumgröße , damit sie überhaupt entstehen bzw. sich entfalten kann. Es ist dabei selbstverständlich , daß z.B. eine Welle mit einer Wellenlänge von 1 cm einen Platz von 1, 2, 3 cm usw. zur Verfügung haben muß, aber keineswegs 1 ,5 cm . **Dadurch entsteht zwangsläufig eine Quantelung.**

3. **Ein dritter wichtiger Grund sind die Resonanzerscheinungen**. Bekanntlich führen Resonanzerscheinungen zum längerem Erhalt, zur Verstärkung und Stabilisierung der Wellen. **Für die Entstehung der Resonanz sind aber bestimmte jeweils vorgegebene Dimensionen erforderlich.** Das kennen wir z.B. aus den Musikinstrumenten und insbesondere von Blas- und Streichinstrumenten. Wir wissen, daß diese erforderlichen Dimensionen für die Entstehung der Resonanz keineswegs fließend sind , sondern sie müssen jeweils bestimmten Größen entsprechen, damit eine bestimmte Zahl der Wellen darin Platz finden können , z.B. 1, 2, 3 mal eine Einheit aber keineswegs 1,5 mal. **Dadurch entsteht zwangsläufig ebenfalls eine Quantelung.**

Wir sehen also, daß die Natur eine Quantlung, eine Konstanz der Masse der Atome bzw. Barrieren und Zügel usw. nur dort vorsieht, **wo es unbedingt erforderlich ist** , damit im Universum kein Chaos entsteht und dadurch nicht das ganze Universum zerstört werden kann.

Weder für den Raum , noch für die Zeit gibt es irgendwelche Gründe oder eine Notwendigkeit für eine Quantlung . Insbesondere keine der oben genannten 3 Gründe sind hier weder vorhanden noch erforderlich.

In der letzten Zeit hat übrigens das Hubble-Teleskop die letzten praktischen Beweise dafür geliefert, daß im Universum weder die Zeit noch der Raum gequantelt sind. Die mit diesem Teleskop aufgenommenen Bilder von sehr weit entfernten Galaxien sind nämlich erheblich schärfer, als bei einer Quantelung sein müsste.

Damit ist nunmehr nicht nur theoretisch gegen die Quantlung der Zeit und des Raums Beweis geführt worden , sondern auch von der praktischen Seite.

Deswegen sollte dieses Problem nunmehr abgehackt und als gelöst und erledigt betrachtet werden.

Kapitel 9

Sind die heutigen Experimente

der Teilchenphysik

sinnvoll und brauchbar ?

Die heutigen Experimente der sogenannten Teilchenphysik beruhen bekanntlich darauf, daß verschiedene **Teilchen (z.B. Elektronen) aufeinander geschossen werden, d.h. gegeneinander geschleudert werden.** Das geschieht in der Regel durch die sogenannten **Teilchenbeschleuniger**, wodurch die Teilchen auf beträchtliche Geschwindigkeiten beschleunigt werden. Solche Teilchenbeschleuniger gibt es z.B. in der Schweiz nahe Genf, in Deutschland (Hamburg) und mehrfach in der USA.

Aufgrund der dadurch gewonnenen Ergebnisse werden neue Modelle aufgebaut bzw. entwickelt , wobei das Schwergewicht der Untersuchungen bei **Elementarteilchen** liegt.

So ist z.B. das sogenannte **Standardmodell** der Elementarteilchen entwickelt worden.

Die durch diese Zusammenstöße gewonnenen Ergebnisse sind praktisch de Grundlage unserer heutigen Kenntnisse über die Elementarteilchen und über den Aufbau der Materie.

Die Elementarteilchen sind bekanntlich die kleinsten Bestandteile der Materie und sind nicht mehr teilbar.

Aufgrund des dadurch entwickelten sogenannten **Standardmodells** sollen **12 Teilchen** und **12 Antiteilchen** mit den phantasievollen Namen **Leptonen, Quarks, Antileptonen und Antiquarks** existieren.

Man nimmt ferner an, daß die Übertragung der Kräfte (wie z.B. elektromagnetische Kraft) **durch Austausch von Teilchen** geschieht mit den ebenfalls phantasievollen Namen **Bosonen, Gluonen und Graviton.**

Sehr bezeichnend für die Teilchenphysik ist im übrigen, daß die angebliche Zahl und die Vorstellung über die Zusammengehörigkeit der Elementarteilchen im Laufe der letzten Jahrzehnte sich mehrmals geändert hat.

Nach den heutigen neuesten Erkenntnisse sollen **6 Leptonen und 6 Quarks** existieren, mit jeweils **3 Familien**, die ihrerseits aus **2 verschiedene Typen** bestehen.

Außerdem **6 Antileptonen** und **6 Antiquarks** mit ebenfalls jeweils **3 Familien**, die ihrerseits aus **2 verschiedenen Typen** bestehen

Wie bereits erwähnt, **sind die durch diese Zusammenstöße gewonnenen Ergebnisse praktisch die Grundlage unserer heutigen Kenntnisse über die Elementarteilchen und über den Aufbau der Materie.**

Es erhebt sich nur die sehr berechtigte Frage , ob die durch Kollision der Teilchen gewonnen Kenntnisse zuverlässig und brauchbar sind.

Anhand der 2 nachfolgenden sehr einfachen und für jeden sehr gut vorstellbaren Beispiele möchte ich versuchen diese Frage zu beantworten und die Sache für jedermann anschaulich zu machen:

1. **Stellen Sie sich vor, Sie lassen nacheinander gleichartige Porzellanteller herunterfallen** und auf dem Boden zerbrechen, oder versuchen sogar sie mit Kraft gegen den Boden zu zerschmettern. **Die entstandenen Bruchstücke sehen selbstverständlich nicht gleich aus, sondern haben verschiedene Formen und Größen, obwohl sie alle z.B. vom gleichen Teller-Typ stammen. Die Teller zerfallen dadurch keineswegs in Ihre Bestandteile.**

   Wenn wir die Versuchsbedingungen standardisieren würden, würden die Bruchstücke ähnlicher werden. **Aber auch solche Versuche sind keineswegs dazu geeignet die tatsächlichen Bestandteile der Teller , aus denen sie aufgebaut sind, festzustellen.**

2. **Oder Sie haben einige zerbrechliche Gegenstände der gleichen Art (z.B. Glasvasen) und schleudern jeweils 2 solcher Gegenstände gegeneinander,** Das Ergebnis brauchte nicht einmal erwähnt zu werden . Selbstverständlich sehen die jeweiligen

Bruchstücke verschieden aus und auch hier ist klar, daß auch **solche Wurf- bzw. Schleuder-Experimente keineswegs dazu geeignet sind, die tatsächlichen Bestandteile der Vasen zu entdecken.**

Die Verhältnisse bei diesen Beispielen sind zwar nicht ganz identisch mit den Verhältnissen bei den Experimenten der Teilchenphysik , trotzdem helfen Sie uns in beträchtlichem Maße zu sehen , worum es hier geht und den Fehler bei diesen Experimenten der Teilchenphysik zu sehen und zu verstehen.

Die heutigen Experimente der Teilchenphysik sind also keineswegs als zuverlässig anzusehen . Teilchen gegeneinander zu schleudern und versuchen aufgrund der dadurch erzielten Ergebnisse auf den Materienaufbau zu schließen , ist schon als Methode keineswegs geeignet .

Die gewonnenen Erkenntnisse aufgrund der Experimente der Teilchenphysik stehen somit auf sehr wackligen Füßen und sind keineswegs als bare Münze zu sehen.

Sehr bezeichnend ist in diesem Zusammenhang die Tatsache, daß die dadurch gewonnenen Ergebnisse des Aufbaus der Materie aus verschiedenen Elementarteilchen **schon mehrmals revidiert und korrigiert worden sind , eine Tatsache, die meine obige Darstellung bestätigt und unterstreicht.**

Im übrigen muß auch die angenommene Übertragung der Kräfte durch Teilchenaustausch ebenfalls als

äußerst fragwürdig und problematisch angesehen werden und wirft erhebliche Fragen auf, die weder logisch, noch lösbar erscheinen.

Eine Übertragung durch Wellen würde meines Erachtens die Problematik erheblich besser lösen.

Zusammengefasst sind unsere heutigen Erkenntnisse über die sogenannten Elementarteilchen , über den Aufbau der Materie und über die Übertragung der Kräfte sehr wahrscheinlich keineswegs richtig und könnten schon morgen völlig anders aussehen.

Ich möchte anregen, über diese Mißstände nachzudenken und für den Bereich der sogenannten Teilchenphysik möchte ich dringend andere Experimente vorschlagen, die zuverlässigere Ergebnisse liefern.

Kapitel 10

Muß

wissenschaftliche Forschung

teuer sein?

Im Kapitel 9 dieses Buches bin ich ausführlich auf die heutigen **Experimente der Teilchenphysik** eingegangen, und darauf hingewiesen, daß Sie als Experimente für die Erforschung der Elementarteilchen und des Aufbaus der Materie **überhaupt nicht geeignet** sind.

Es muß hier ausdrücklich darauf hingewiesen werden, daß solche Experimente **äußerst aufwendige sogenannte Teilchenbeschleuniger** erfordern . **Es sind bisher viele Milliarden Beträge in solche Anlagen investiert worden, mit einem katastrophalen und sehr wahrscheinlich überhaupt nicht brauchbarem Ergebnis.**

An anderer Stelle (im Kapitel 18) habe ich auf die **äußerst teuren und aufwendigen Experimente** hingewiesen im Zusammenhang mit der **Erforschung der**

Gravitationswellen durch unterirdischen Tunnelanlagen usw. , **die ebenfalls völlig umsonst waren und dies schon vorher absehbar waren.**

Solche Art wissenschaftliche Forschung verursacht nicht nur Milliarden Beträge, die völlig umsonst sozusagen in den Sand gesetzt werden , sondern sie verursacht , daß über sehr lange Zeitabschnitte an absurden Projekten festgehalten wird und dadurch die Forschung in eine völlig falsche Richtung geht.

Ein weiteres Beispiel für unnötige Kosten bei der **wissenschaftlichen Forschung ist die Erforschung im Rahmen der bisherigen Suche nach erdähnlichen Planeten im Universum** (vergl. auch **mein Buch „Große Geheimnisse des Universums Bd. II")** .

Es ist hier ferner zu erwähnen **die unnötigen enormen Kosten** beim vergeblichen Versuch von **Kommunikation mit anderen Zivilisationen im Universums** (vergl. auch **mein Buch „ Große Geheimnisse des Universums Bd. II").**

Ein äußerst markantes Beispiel ist außerdem die **Raumfahrt.** Zahlreiche Unternehmen der Raumfahrt waren absolut überflüssig. Die meisten Entdeckungen und Experimente, die nach unserem heutigen Stand der Technik und mit unseren heutigen technischen Mitteln möglich waren, sind bereits gemacht worden. Deswegen sollte man vor jedem neuen Raumfahrtunternehmen genau überlegen , ob es wirklich notwendig ist, auch wenn ausreichend Geld dafür vorhanden ist.

Diese Art wissenschaftliche Forschung bedeutet somit für die Wissenschaft keinen Fortschritt, sondern im Gegenteil sie sorgt dafür, daß die Wissenschaft über Jahre und Jahrzehnte in falsche Richtung geht und dadurch um viele Jahre zurückgeworfen wird.

Jede wissenschaftliche Forschung fängt im Kopf an und erfordert vor allem einen hellen Kopf, sehr gutes Denkvermögen, sehr gute Fachkenntnisse, gute Logik , ein gutes Konzept und etwas Phantasie. Dies alles kostet nichts, erfordert nur eine gute und kritische Auswahl.

Viele Forschungsprojekte könnten mit geringen finanziellen Mitteln äußerst erfolgreich durchgeführt werden. Früher verursachte wissenschaftliche Forschung keine hohen Kosten . Heute sind die Dinge zwar meistens etwas komplizierter geworden, eine damit verbundene Kostenexplosion ist jedoch keineswegs gerechtfertigt.

Diese Kostenexplosion hängt teilweise auch damit zusammen , daß einigen Forschungsstätten ziemlich kritiklos massiv Gelder zur Verfügung gestellt werden, in der Hoffnung, je mehr Gelder verfügbar, desto mehr gute Ergebnisse . Die Tatsachen der letzten Zeit zeigen aber, daß genau das Gegenteil der Fall ist.

Bei der wissenschaftlichen Forschung wird öfters zu viel unternommen und zuwenig nachgedacht. Es werden häufig Experimente durchgeführt, die äußerst

kostspielig sind, und bei denen häufig schon vorher bei kritischer Überlegung zu sehen war, daß sie zum scheitern verurteilt sind.

Zusammengefasst, es werden zahlreiche wissenschaftliche Experimente gemacht, die keineswegs erforderlich und teilweise schon von vornherein zum scheitern verurteilt sind . Es werden Milliarden Beträge umsonst ausgegeben und praktisch in den Sand gesetzt.

Deswegen wird es Zeit , daß man zunächst gründlich vorher überlegt, ob einige Experimente überhaupt erforderlich und überhaupt aussichtsreich erscheinen, bevor man damit anfängt.

Die Antwort auf die eingangs gestellte Frage lautet deswegen:

Wissenschaftliche Forschung muß nicht teuer sein, sondern es muß auch hier das Prinzip der Wirtschaftlichkeit und Effizienz eingeführt werden und auch über die Kosten kritischer als bisher nachgedacht werden . So würde die

wissenschaftliche   Forschung   erheblich
effizienter werden.   64

Kapitel 11

Die Relativitätstheorien

von Einstein

sind nicht richtig

1. Allgemeine Relativitätstheorie von Einstein:

Im Rahmen meines Buches „ Sind die Relativitätstheorien von Einstein richtig?, meine energetische Relativitätstheorie" konnte ich 20 Beweise anführen, die die allgemeine Relativitätstheorie eindeutig widerlegen , sodaß es als eindeutig nachgewiesen gilt, daß die allgemeine Relativitätstheorie von Einstein nicht richtig ist.

Alleine durch 7 Experimente bzw. Beispiele konnte ich zeigen und beweisen ,daß schon die Grundlagenüberlegungen bzw. das Grundpostulat von

Einstein zwecks Ableitung der Raumkrümmung in seiner allgemeinen Relativitätstheorie , nämlich das sogenannte

"Prinzip der Äquivalenz von Trägheit und Schwere " nachweislich nicht zutreffend ist und daß ein Betroffener bzw. ein Beobachter sehr wohl in der Lage ist, experimentell zu unterscheiden, ob er gerade eine gleichmäßig beschleunigte Bewegung ausführt, oder ob er sich in einem Gravitationsfeld befindet und deswegen beschleunigt wird (vergl. auch Kapitel 13).

Da schon das Grundpostulat bzw. sozusagen das Fundament der allgemeinen Relativitätstheorie von Einstein nicht richtig ist , zerbricht schon dadurch die gesamte allgemeine Relativitätstheorie von Einstein in sich zusammen.

Dort habe ich ferner gezeigt und bewiesen, daß der Raum nicht gekrümmt ist und auch nicht krumm sein kann , und ferner ,daß eine Gravitationswirkung auch bei nachweislich gerade verlaufendem Raum vorhanden sein kann .

Vor kurzem konnte außerdem in den USA gezeigt werden, **daß auch die Formeln der allgemeinen Relativitätstheorie nicht richtig sind. Es hat vermutlich solange gedauert bis man dies nachgewiesen hat, weil es sich um äußerst komplizierte Formeln handelt.**

2. Spezielle Relativitätstheorie von Einstein : Was die spezielle Relativitätstheorie von Einstein anbetrifft, so geht sie von der Annahme aus und beruht darauf, daß das   Licht die Lichtgeschwindigkeit von 300 000 km/s nicht überschreiten kann.

Mittlerweile ist aber von verschiedenen Wissenschaftlern **durch Experimente nachgewiesen worden, daß das Licht die Lichtgeschwindigkeit von 300 000 km/s wohl überschreiten kann**

Deswegen ist auch die spezielle Relativitätstheorie von Einstein nicht richtig.

Somit sind sowohl die allgemeine Relativitätstheorie als auch die spezielle Relativitätstheorie von Einstein in dieser Form nicht richtig und praktisch gegenstandslos.

Es handelt sich hierbei um 2 der größten Irrtümer der Physik und Astronomie überhaupt, die sowohl die Physik als auch die Astronomie erheblich zurückgeworfen haben , die darüber hinaus zahlreiche Folgeirrtümer verursacht haben und außerdem einen erheblichen finanziellen Schaden angerichtet haben (Näheres s. mein Buch „ Sind die Relativitätstheorien vom Einstein richtig?).

Die beiden   Relativitätstheorien von Einstein müssen korrigiert , ergänzt und zusammengelegt werden   .Sie sind ein Teilgebiet bzw.   eine   Sonderform   meiner energetischen Relativitätstheorie (s. mein Buch „Sind   die   Relativitätstheorien   von   Einstein richtig?   Meine   energetische Relativitätstheorie").

Kapitel 12

Raumkrümmung,

Realität oder Phantasie?

Die von Einstein behauptete Krümmung des Raumes unter der Einwirkung der Gravitation ist **keine Realität** , sondern das Produkt von **Wechselwirkungen von 2 Faktoren** bzw. 2 Kräften, und somit nur **scheinbar** .

Sie ist das Produkt einer Idee, die nicht zu Ende gedacht ist..

Die **scheinbare** Raumkrümmung durch die Gravitation kommt vielmehr durch die gegenseitige Beeinflussung von der Gravitation und einer Bewegung (z.B. Licht) zustande .

Als Beweis für die behauptete Krümmung des Raumes durch die Gravitation wurde folgende Beobachtung bzw. folgendes Naturexperiment angeführt :

Die Lichtstrahlen der Sterne, die in der Nähe der Sonne vorbeilaufen, werden abgelenkt, sodaß die betreffenden Sterne etwas versetzt erscheinen   (s. nachfolgende schematisiert dargestellte Abb. 1) :

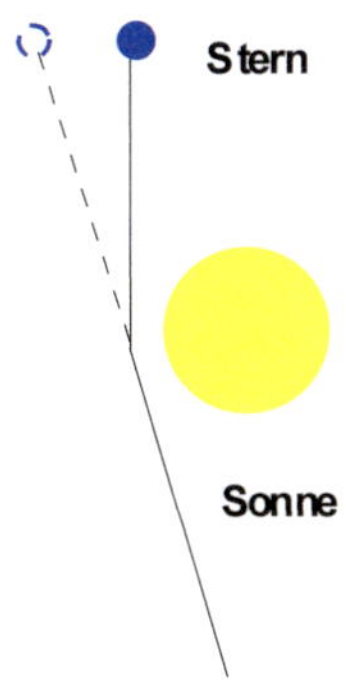

Abb. 1

Dies konnte bei Sonnenfinsternissen beobachtet werden .

Zur Veranschaulichung dieses Phänomens wird gerne ein Netz gezeigt, daß unter der Schwere eines Balles deformiert worden ist , das zwar sehr anschaulich und eindrucksvoll aussieht, aber als gekrümmtes Raummodell überhaupt nicht funktioniert , wie Sie im Laufe dieses Beitrages sehen werden .

Nachfolgend möchte ich anhand von 9 teilweise gedanklichen und teilweise praktisch durchführbaren Experimenten zeigen und beweisen, daß der Raum nicht gekrümmt ist und auch nicht krumm sein kann , und

ferner ,daß eine Gravitationswirkung auch bei nachweislich gerade verlaufendem Raum vorhanden sein kann :

1. Jede Krümmung d.h. jede Konvexität muß logischerweise auf der **Gegenseite** eine **Konkavität bzw. eine Krümmung in gegensinniger Richtung** zur Folge haben. Gemäß der allgemeinen Relativitätstheorie von Einstein ist aber eine Krümmung des Raums mit Gravitationswirkung verbunden . Deswegen müßte auf der Gegenseite der Krümmung eine **negative Gravitationswirkung** entstehen , mit der Folge von Abstoßung bzw. Wegfliegen der Gegenstände bzw. der Raumkörper. **So ein Phänomen ist aber bis jetzt nie beobachtet worden und ist absolut unlogisch .**

Die Idee der Raumkrümmung führt also sogar ad absurdum und ist somit absolut unmöglich

2. Wir betrachten uns einmal eine angenommene Raumkrümmung (schematisiert) um unsere Sonne und um einen anderen großen Himmelsköper :

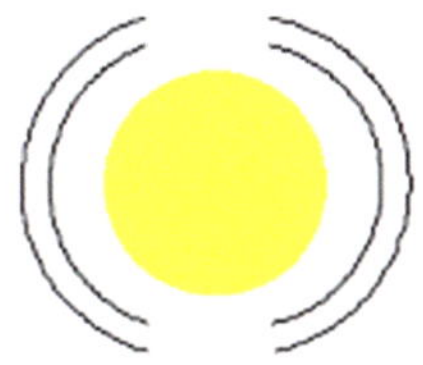 

Abb. 2

Wenn nun dieser andere große Himmelsköper in die Nähe unserer Sonne kommen würde , so würde folgendes passieren:

Bei der Annahme der Existenz einer Raumkrümmung um unsere Sonne und um dieses Objekt , **müßte diese Raumkrümmung in dem zwischen diesen Himmelskörpern liegenden Raumbereich flacher werden, d,h, die jeweilige Konvexität müßte abnehmen und sich deswegen etwas aufheben , da sie in gegensinniger Richtung ist :**

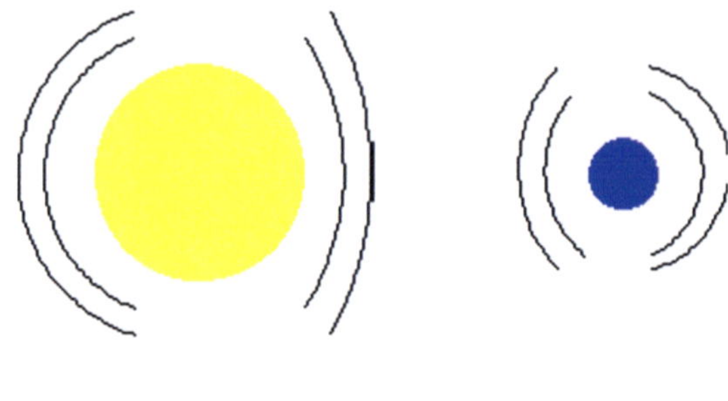

Abb. 3

Wenn aber die Raumkrümmung abnimmt , müßte auch die " Fallneigung " bzw. Anziehung geringer werden .

Wenn jetzt ein noch größeres Objekt in die Nähe der Sonne kommen würde, so müßte diese Abflachung der Raumkrümmung noch größer werden , mit der Folge daß, die " Fallneigung " bzw. die gegenseitige Anziehung noch geringer würde :

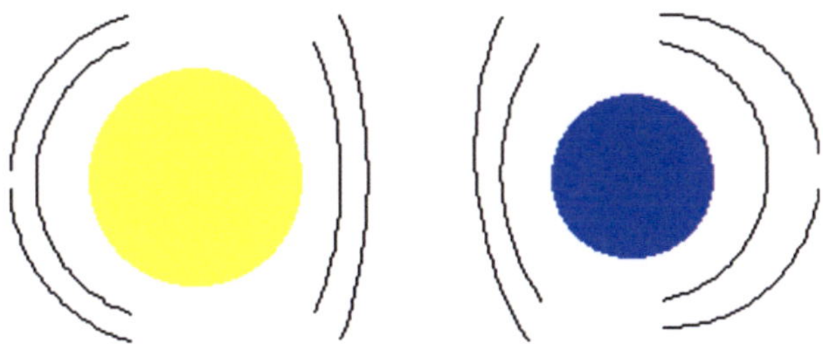

Abb. 4

Wir wissen aber bekanntlich, daß tatsächlich genau das Gegenteil der Fall ist , nämlich daß die Gravitation und somit die Anziehung dadurch zunimmt da gemäß dem Newtonschen Gravitationsgesetz und seiner Formel die Gravitationskraft u.a. abhängig ist von der Masse , und nunmehr neben m 1 auch eine m 2 bzw. eine noch größere m 2 vorhanden ist und deswegen die Gravitation gemäß Newton zunehmen muß .

3. Wir nehmen an ,daß eine in Relation zur Sonne sehr kleine Kugel (bzw. ein kugelförmiger Himmelskörper) mit hoher Geschwindigkeit an der rechten Seite der Sonne vorbeizieht . Gemäß der Newtonschen Gravitationsformel wird diese Kugel von der Sonne durch die Gravitationskraft angezogen , sodaß ihre Bahn ,ähnlich wie die Bahn des Lichts, abgelenkt und rechtskonvex wird .

Nun zieht eine etwas größere Kugel genau an derselben Stelle ebenfalls mit hoher Geschwindigkeit rechts an der Sonne vorbei . Da gemäß dem Newtonschen Gravitationsgesetz und seiner Formel die Gravitationskraft u.a. abhängig ist von der Masse , so muß diese Kugel stärker von der Sonne angezogen und somit stärker abgelenkt werden, sodaß ihre Bahn eine noch stärkere rechtskonvexe Form annehmen muß .

Jetzt ergibt sich folgende Fragestellung : Wenn der Raum durch die Sonne gekrümmt worden wäre, so müßte diese Krümmung für alle relativ kleine Kugel , die aber verschieden groß sind, gleich sein und **könnte keineswegs durch eine relativ größere Kugel , die an der rechten Seite der Sonne vorbei zieht auch noch rechtskonvexer werden .**

Dieses Experiment zeigt, daß es sich in Realität keineswegs um eine Raumkrümmung handeln kann , sondern um eine Ablenkung der Bahn , vergleichbar etwa mit einer Lichtablenkung durch eine Linse .

4. Unsere Sonne ist bekanntlich kugelförmig . Deswegen müßte also auch die Raumkrümmung um die Sonne kugelförmig sein , mit der Folge, daß alle sogenannten Gravitationsschienen um unsere Sonne kreisrund wären . Deswegen müßte alles was um unsere Sonne rotiert, eine kreisrunde Bahn haben, da es sich entlang dieser kreisrunden "Gravitationsschienen " bewegen müßte .

Wir wissen aber, daß **die Bahnen unserer Planeten nicht ganz kreisförmig, sondern leicht oval sind** , obwohl sie seit Milliarden Jahren unsere Sonne umkreisen und deswegen Ihre Bahnen sich schon längst an diese

kreisrunde "Schienen "orientiert hätten , wenn sie existent
gewesen wären.

**Auch dieses Naturexperiment zeigt und beweist, daß der
Raum nicht krumm ist und widerlegt somit die
allgemeine Relativitätstheorie mit der behaupteten
Raumkrümmung.**

5.   Schon ein einfaches gedankliches Experiment zeigt ,
daß die Idee der Raumkrümmung ad absurdum führt :

Nehmen wir an , daß die Lichtstrahlen eines Sterns auf der
linken Seite der Sonne vorbeilaufen und deswegen nach
rechts abgelenkt werden (entsprechend der obigen Abb.1),
sodaß diese Strahlen **nach links verbogen** sind . Wir
ziehen gedanklich parallel zu dieser Linie und näher zu der
Sonne weitere Linien , die alle ebenfalls nach rechts
abgelenkt und somit ebenfalls **nach links verbogen** sind
(s. Abb. 5) und nehmen einmal an, es handele sich um die
ebenfalls nach rechts abgelenkten Lichtstrahlen anderer
Sterne, die weiter rechts liegen (wir wollen außer Acht
lassen, daß die Ablenkung der Lichtstrahlen sogar größer
wird , je näher die Strahlen an der Sonne vorbeilaufen) :

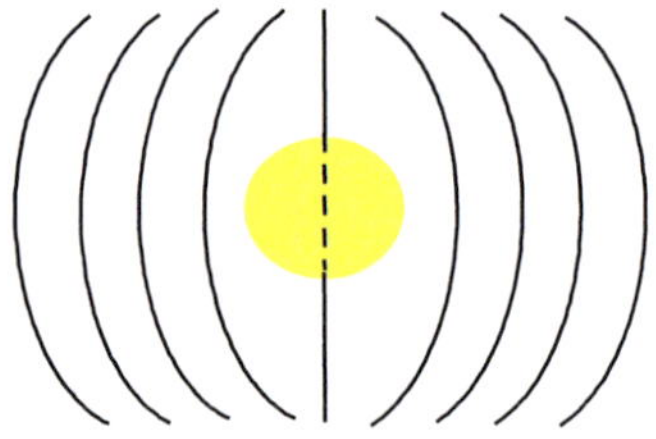

Abb. 5

Wir wiederholen dieses Gedankenexperiment und ziehen diesmal auf der rechten Seite der Sonne einige **nach rechts verbogene** Linien , diesmal in der Annahme, daß es sich um Sterne handelt ,die auf der rechten Seite der Sonne liegen und deren Lichtstrahlen deswegen rechts an der Sonne vorbeilaufen und deswegen nach links abgelenkt werden.

Wenn wir rechts und links immer weitere parallel laufende Linien ziehen , so werden wir sehen, daß in der Mitte ein kleines Feld übrig bleibt , das begrenzt wird auf der linken Seite durch eine nach links verbogene (linkskonvexe), und auf der rechten Seite durch eine nach rechts verbogene (rechtskonvexe) Linie . Da der Raum dort logischerweise nicht nach beiden Seiten gekrümmt sein kann ,   muß schließlich die Linie, die von den 2 entgegen gesetzt verbogenen Linien begrenzt wird, **gerade** , **also ohne Verbiegung** , verlaufen, was gleichbedeutend ist, daß **der**

Raum in diesem Bereich nicht verbogen sein kann. Diese Linie verläuft im übrigen genau durch den Mittelpunkt bzw. durch das Zentrum der Sonne , was gleich bedeutend ist, daß es sich hierbei um einen verlängerten **Durchmesser** der Sonne handelt.

Ein Kreis hat bekanntlich zahlreiche Durchmesser und somit auch zahlreiche verlängerte Durchmesser . Wir zeichnen möglichst viele Durchmesser eines Kreises ein (s. Abb. 6) , die somit eine **Ebene** oder praktisch eine Scheibe darstellen. **Nach der obigen Beweisführung ist diese Ebene oder Scheibe ganz gerade und kann keineswegs gekrümmt sein**

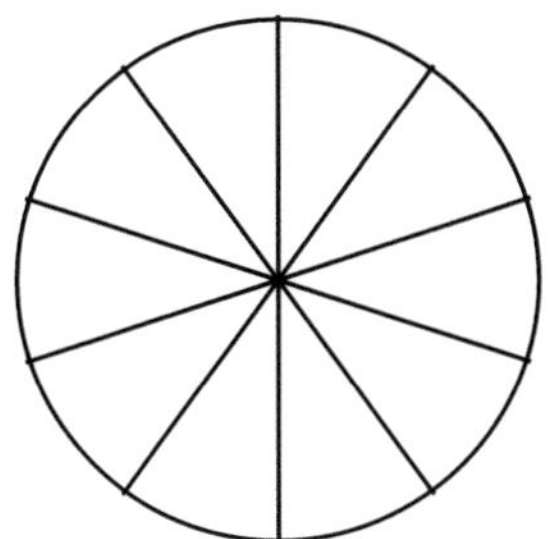

Abb. 6

(**einige** Durchmesser eines Kreises)

Bisher war unser Gedankenexperiment 2-dimensional . Wenn wir dieses Gedankenexperiment nunmehr **3-**

dimensional , also   in allen Ebenen wiederholen, so werden wir sehen, **daß der Raum entlang aller (verlängerte) Durchmesser der Sonne oder entlang aller solcher Ebenen nicht verbogen oder gekrümmt sein kann,** und **eine Kugel hat bekanntlich eine unzählige Zahl** der Durchmesser und Ebenen .

6.   Wenn ein kleineres Objekt von einem größeren Objekt durch die Gravitationskraft angezogen wird, **so geschieht dies bekanntlich entlang einer Linie , die senkrecht verläuft** (auch)**zur Oberfläche des größeren Objektes (d.h. genau in Richtung dessen Zentrums) , also entlang eines verlängerten Durchmessers des größeren Objektes**. Diese bekannte Tatsache ist auch experimentell vielfach bestätigt worden .

Wie wir oben gesehen haben, ist aber der Raum im Bereich aller verlängerten Durchmesser nicht gekrümmt, sondern absolut gerade . Deswegen kann entlang dieser Linie überhaupt kein "Gefälle " und somit auch keine "Fallneigung " im Sinne der allgemeinen Relativitätstheorie bestehen , und genau deswegen könnte dort gemäß der allgemeinen   Relativitätstheorie   auch   keine Gravitationswirkung vorhanden sein .

Das Experiment zeigt aber, daß dort wohl eine Gravitationswirkung vorhanden ist und deswegen das kleinere Objekt angezogen wird und sich in Richtung des größeren Objektes in Bewegung setzt , **und widerlegt somit die allgemeine Relativitätstheorie mit der behaupteten Raumkrümmung .**

7.   In einer oben beschriebenen Ebene (Abb. 6) wäre z.B. in Richtung des Zentrums der Sonne bzw. des betreffenden Objekts kein "Gefälle " und somit auch keine " Fallneigung " im Sinne der allgemeinen Relativitätstheorie vorhanden, da dort der Raum , wie wir oben gesehen haben , nicht gekrümmt ist . Deswegen könnte dort gemäß der allgemeinen Relativitätstheorie auch keine Gravitationswirkung vorhanden sein .

Die **Planeten** liegen im übrigen innerhalb solcher Ebenen .

Für einen Planeten **in einer solchen Ebene** würde deswegen überhaupt kein "Gefälle "und somit keine " Fallneigung " in Richtung der Sonne bestehen **und deswegen müßte er gemäß der allgemeinen Relativitätstheorie frei von Gravitationswirkung und deshalb praktisch schwerelos sein . Deswegen könnte er sich aber dort erst gar nicht lange aufhalten, da er durch die Zentrifugalkraft weggeschleudert würde** .

Tatsächlich wissen wir aber durch die Beobachtung der Planeten, daß das keineswegs der Fall sein kann , da bekanntlich die gesamten Planeten unseres Sonnensystems seit ca. 4,6 Milliarden von Jahren auf weitgehend stabilen Bahnen innerhalb solcher Ebenen um unsere Sonne rotieren , da die jeweilige Zentrifugalkraft durch die jeweilige Gravitationskraft kompensiert wird . Tatsache ist also, daß alle Planeten ständig unter der Einwirkung der starken Gravitationskraft der Sonne stehen müssen, obwohl sie sich innerhalb   solcher   Ebenen   bewegen.

8. Wir wissen alle , und das ist bekanntlich experimentell vielfach bewiesen, daß ein hochgeworfener Stein **senkrecht auf die Erde zurückfällt** .

Die Bahn des Steins entspricht aber gleichzeitig einem verlängerten Durchmesser der Erde, da sie senkrecht zur Oberfläche der Erde verläuft und somit durch das Zentrum der Erde läuft .

Wie wir oben gesehen haben , ist aber der Raum im Bereich aller verlängerten Durchmesser ganz gerade und keineswegs krumm .

Deswegen besteht da z.B. in Richtung der Erde überhaupt kein " Gefälle" bzw. keine " Fallneigung" im Sinne der allgemeinen Relativitätstheorie **und es müßte dort somit keine Gravitationswirkung vorhanden sein . Die Tatsache, daß der Stein auf die Erde zurückfällt zeigt aber, daß dort sogar eine eindeutige Gravitationswirkung vorhanden ist** .

9. Uns hilft auch die folgende Fragestellung , um uns dies alles besser klar zu machen :

Nach welcher Seite soll ein senkrecht auf die Sonne (d.h. genau in Richtung des Zentrums) gerichteter Strahl abgelenkt werden ? (s. Abb. 7) . Nach rechts, nach links , nach vorne oder nach hinten ? und wenn nach einer dieser Richtungen , würde sich dann die weitere Frage stellen warum ? Weshalb sollte eine Richtung bevorzugt werden ? Die einzige logische Antwort kann deswegen nur sein :

Dieser Strahl wird überhaupt nicht abgelenkt , sondern verläuft immer weiter in derselben Richtung. Dies bedeutet ebenfalls : **Der Raum in diesem Bereich kann nicht verbogen sein .**

Abb. 7

Die obigen Experimente zeigen also :   Daß die Idee der Raumkrümmung ad absurdum führt und somit absolut unmöglich ist , bei den Wechselwirkungen von 2 Himmelskörpern bzw. 2 Objekten eine angenommene

Raumkrümmung zu total falschen Ergebnissen führt, die keineswegs der Realität entsprechen , die Konvexität der Ablenkung bei verschieden großen relativ kleineren Körper verschieden ist , alle (verlängerte) Linien , die durch das Zentrum der Sonnenkugel (oder andere kugelförmige Objekte) verlaufen, gerade verlaufen müssen , alle (verlängerte) Ebenen, die durch das Zentrum der Sonnenkugel verlaufen ganz gerade und flach sein müssen, und bei einem nachweislich flachen und ungekrümmten Raum eine eindeutig nachweisbare Gravitationswirkung vorhanden sein kann (Diese Feststellungen gelten selbstverständlich nicht nur für die Sonne, sondern für alle kugelförmige Himmelskörper) .

Was bedeutet dies alles nun im Klartext ? **Dies beweist, daß der Raum in Realität überhaupt nicht krumm sein kann , und eine angenommene Raumkrümmung keineswegs das Phänomen und die Probleme der Gravitation lösen kann und nicht einmal als Modell geeignet ist .**

Außerdem beweist das , daß Gravitationswirkung auch bei fehlender Raumkrümmung vorhandnen sein kann .

Das Naturexperiment der Ablenkung der Lichtstrahlen eines Sterns, die an der Sonne vorbeiliefen, kam in Wirklichkeit, nicht etwa dadurch zustande, daß der Raum krumm ist, sondern dadurch, daß unter der Einwirkung der

Gravitationskraft der Sonne **die Lichtstrahlen angezogen und dadurch verbogen wurden** , es handelte sich also um die **Wechselwirkung von 2 Faktoren bzw. Kräften .**

 Wenn es sich bei den Lichtstrahlen des Sterns nicht um eine bewegliche , sondern um eine ruhende Sache gehandelt hätte, oder wenn die Lichtstrahlen direkt in Richtung des Zentrums der Sonne verlaufen wären , so wäre die Verbiegung nicht zustande gekommen .Es handelte sich also bei der damaligen Beobachtung mehr oder weniger um einen Glücks- bzw. Unglücksfall .

Wenn anstatt der Lichtstrahlen ein **ruhender Gegenstand** (z.B. ein Stein) , also etwas ohne Impuls , von der Sonne angezogen würde, so würde er **ganz gerade in Richtung des Zentrums** der Sonne fliegen und **senkrecht** auf die Sonnenoberfläche treffen .

Wenn aber ein Gegenstand sich bewegt , so entsteht eine **Wechselwirkung** zwischen der Bewegung und der Anziehungskraft der Gravitation , mit dem Ergebnis, daß die Bahn des Gegenstandes sich ändert, bzw. anders ausgedrückt mit dem Ergebnis, daß **die Bahn des Gegenstandes abgelenkt wird.**   Dadurch kann dieser Gegenstand nur ausnahmsweise in Richtung des Zentrums der Sonne fliegen (nur wenn er sich auch vorher in Richtung des Zentrums der Sonne bewegte oder wenn seine Bahn vorher nur geringfügig von dieser Richtung abwich , sodaß sie nunmehr   durch die Einwirkung der Gravitation in Richtung des Zentrums verläuft) , sodaß **die resultierende Bahn fast immer schräg zur Sonnenoberfläche verläuft .** Es entsteht dann der falsche Eindruck , der Raum wäre krumm .

Durch die Anziehungskraft der Gravitation kommt somit ein Effekt zustande, der vergleichbar ist mit einer Linse , derart, daß alle Strahlen , die in Richtung Zentrum laufen, nicht abgelenkt werden, sondern nur alle andere Strahlen , die nicht in Richtung des Zentrums , sondern schräg oder tangential zur Oberfläche verlaufen .

Dies hat mit einer Raumkrümmung überhaupt nichts zu tun, genauso wenig wie bei einer Linse .

Selbstverständlich gelten alle diese Feststellungen nicht nur für die Sonne, sondern für alle Sterne und sonstige kugelförmige Himmelskörper , die über eine Gravitation verfügen.

Zusammengefaßt bedeutet dies alles :

1. Alle Strahlen, die genau in Richtung des Zentrums eines kugelförmigen Himmelskörpers verlaufen (entlang eines Durchmessers , d.h. sozusagen als verlängerte Durchmesser) ,verlaufen gerade und werden nicht verbogen , während alle andere Strahlen (die nicht durch das Zentrum laufen) verbogen werden .

2. Wenn ein Gegenstand ohne Impuls in die Nähe eines kugeligen Himmelskörpers kommt, so wird er durch die Gravitation des Himmelskörpers so

angezogen , daß er ganz gerade in Richtung des Zentrums dieses Himmelskörpers fliegt .

3. Wenn ein Gegenstand mit einem Impuls oder ein Strahl in die Nähe eines kugeligen Himmelskörpers kommt, so entsteht eine Wechselwirkung zwischen seinem Impuls und der Gravitation, derart, daß die Bahn des Gegenstandes bzw. des Strahls abgelenkt wird sodaß sie dann meistens schräg zur Oberfläche des Himmelskörpers verläuft . Dadurch entsteht der falsche Eindruck, der Raum wäre krumm.

Wir sehen also, daß die Idee der angeblichen Raumkrümmung nicht zu Ende gedacht war, und konnte deswegen durch Experimente und Gedanken, die jedoch im Gegensatz dazu, zu Ende gedacht sind, widerlegt werden .

Es handelt sich also auch bei der Annahme von Raumkrümmung um ein großes Irrtum .

Besonders gravierend ist aber , daß sie zusammen mit den Relativitätstheorien von Einstein , die ebenfalls nicht richtig und ebenfalls ca. 100 Jahre alt sind, in dieser Zeit bereits zu erheblichen Folgefehlern , zu erheblichen Verwirrungen und zu wirtschaftlichen Schäden bzw. Kosten in Höhe von Milliarden Dollar geführt haben (wegen der

näheren Einzelheiten s. mein Buch „ Sind die Relativitätstheorien von Einstein richtig?, meine energetische Relativitätstheorie").

Hier ist zu erwähnen z.B. die in falscher Richtung gegangene und **äußerst kostspielige Erforschung der Gravitationswellen** , wobei man für Gravitationswellen Wellenlängen im Meter- bzw. sogar Kilometerbereich angenommen haben soll , sehr lange Tunnel unter der Erde ausgegraben und Millionen Dollar investiert hat .

Wie wir noch sehen werden, sind aber diese Annahme und diese Experimente völlig abwegig und von vornherein zum Scheitern verurteilt .   Wir wissen, daß z.B. jedes Atom und sogar die Bestandteile der Atome wie Protonen über ein Gewicht verfügen, d.h. sie sind trotz ihrer Winzigkeit durchaus in der Lage Gravitationswellen zu empfangen . Wie sollten nun die äußerst winzigen Atome oder sogar Protonen Gravitationswellen im Meter- oder Kilometerbereich empfangen können?

Es sind Ausdrücke entstanden wie **Schockwellen** und Annahmen, daß die Gravitationswellen **diskontinuierlich** emittiert werden sollen .
Man versucht ferner immer noch von Himmelskörpern Gravitationswellen zu empfangen, die Lichtjahre von uns entfernt sind , eine Sache , die ebenfalls von vorn herein völlig unmöglich ist, wie wir in den nächsten Kapiteln sehen werden .

Man hat **schwarze Löcher** angenommen , die hornartig ausgezogen sein sollen .   Man hat Wurmlöcher angenommen , durch die es möglich sein soll in andere Welten zu gelangen.

Man hat **Modelle des Universums** konstruiert mit sattelförmigen und anderen bizarren Krümmungen und Deformierungen und vielen Dimensionen .

Man hat also schon Milliarden Dollar sozusagen in den Sand gesetzt, für die Erforschung von Projekten, die von vorn herein zum Scheitern verurteilt waren, da sie auf Fehlannahmen beruhen .

Kapitel 13

Ist das Prinzip der Äquivalenz der Trägheit und Schwere richtig?

Schon am Anfang dieses Kapitels möchte ich Ihnen verraten, daß das sogenannte **"Prinzip der Äquivalenz von Trägheit und Schwere " nachweislich nicht zutreffend ist.** Es ist insbesondere nicht zutreffend, daß für einen Beobachter bzw. Betroffenen unmöglich und durch keinerlei Experimente nachweisbar wäre zu unterscheiden, ob er eine gleichmäßig beschleunigte Bewegung ausführt, oder ob er sich in einem Gravitationsfeld befindet .

U.a. die nachfolgenden 7 Beispiele bzw. Experimente zeigen und beweisen genau das Gegenteil, nämlich, daß ein Betroffener bzw. ein Beobachter sehr wohl in der Lage ist, experimentell zu unterscheiden, ob er gerade eine gleichmäßig beschleunigte Bewegung ausführt, oder ob er sich in einem Gravitationsfeld befindet und deswegen beschleunigt wird :

1. Durch Spüren am eigenen Körper :

a. **Gleichmäßig beschleunigte Bewegung** : Wenn man in einem sich **gleichmäßig nach vorne beschleunigenden Auto** sitzt , wird man bekanntlich **auf die Rücklehne des Sitzes (d.h. in Gegenrichtung) gedrückt** , während man nach vorne beschleunigt wird. (Dies wird besonders deutlich , krass und brutal demonstriert durch eine **Schleudertrauma der Halswirbelsäule** bei Autounfällen durch Heckaufprall , indem die Halswirbelsäule mit massiver Wucht nach hinten, d.h. in Gegenrichtung , geschleudert wird).

b. **Gravitation :** Wenn man von irgendwo **herunter springt , wird man nur beschleunigt , ohne aber in Gegenrichtung einen Druck zu spüren .**

Somit ist sogar durch ein alltägliches Experiment bzw. Erlebnis immer wieder feststellbar, ob man eine gleichmäßig beschleunigte Bewegung ausführt, oder ob man durch ein Gravitationsfeld beschleunigt wird . Dadurch wird fast täglich die allgemeine Relativitätstheorie von Einstein experimentell und somit nachweislich widerlegt .

2. Durch Lageänderung :

a. Wenn die Ursache der Beschleunigung eine **Gravitation** war, so **ändert sich die Beschleunigung durch Lageänderung : Bei der Annäherung an eine Gravitationsquelle** (z.B. die Sonne) **muß die Beschleunigung stark zunehmen** , da gemäß der Newtonschen Gravitationsformel die Anziehungskraft bei kleinerem Abstand erheblich größer ist als bei größerem Abstand (r^2 im Nenner der Gravitationsformel) , und **umgekehrt bei größer werdender Entfernung muß die Beschleunigung erheblich abnehmen , da die Anziehungskraft stark abnimmt .** Unser Planetensystem ist ein gutes Beispiel dafür : Der sonnennächste Planet Merkur muß erheblich schneller die Sonne umkreisen, da zur Kompensation der in der Nähe der Sonne sehr starken Gravitation der Sonne eine entsprechend starke Zentrifugalkraft benötigt wird , um auf der Umlaufbahn bleiben zu können , während z.B. der Planet Neptun erheblich langsamer die Sonne umkreist, da dort bei dieser starken Entfernung die Gravitation der Sonne erheblich schwächer ist und somit eine erheblich schwächere Zentrifugalkraft erforderlich ist .

b. **Bei einer normalen gleichmäßig beschleunigten Bewegung** wird aber die **Beschleunigung sich dadurch nicht ändern**, da die Kraft konstant bleibt .

Deswegen ist ein Beobachter experimentell und auch bei geschlossenen Augen sehr wohl in der Lage festzustellen , ob er eine gleichmäßig beschleunigte Bewegung ausführt, oder ob er sich in einem Gravitationsfeld befindet .

3. Durch eine drastische Massen- bzw. Gewichtsreduktion (z.B. Hinauswerfen von großen mitgeführten Gewichten aus dem Raumschiff) :

Bei einer normalen gleichmäßig beschleunigten Bewegung werden dadurch die Beschleunigung und Geschwindigkeit zunehmen (da gemäß dem 2. Axiom von

Newton die konstant wirkende Kraft bei reduzierter Masse zu Erhöhung der Beschleunigung führt) **während das bei einer Gravitation nicht der Fall ist** .

Deswegen ist auch durch dieses Experiment ein Beobachter sogar bei geschlossenen Augen sehr wohl in der Lage festzustellen , ob er eine gleichmäßig beschleunigte Bewegung ausführt, oder ob er sich in einem Gravitationsfeld befindet .

4. Durch drastische Massen- bzw. Gewichtserhöhung (z.B. durch Ankopplung bzw. Vereinigung von großen Raumschiffen miteinander) :

Bei einer normalen gleichmäßig beschleunigten Bewegung werden dadurch umgekehrt die Beschleunigung und Geschwindigkeit abnehmen (da gemäß dem 2. Axiom von Newton die konstant wirkende Kraft bei erhöhter Masse zur Abnahme der Beschleunigung führt) **während das bei einer Gravitation nicht der Fall ist** .

Somit ist auch durch dieses Experiment ein Beobachter sogar bei geschlossenen Augen ebenfalls sehr wohl in der Lage festzustellen , ob er eine gleichmäßig beschleunigte Bewegung ausführt, oder ob er sich in einem Gravitationsfeld befindet .

5. Durch den positiven Nachweis der Gravitationswellen, die mit der Beschleunigungsrichtung übereinstimmen (sobald die Technik soweit ist) ,**bei einer Beschleunigung**

durch Gravitation , und durch den negativen Nachweis solcher Wellen **bei einer normalen beschleunigten Bewegung** .

6. Durch Kollision bzw. Nichtkollision :

a. Bei einer **Gravitation** führt die beschleunigte Bewegung nach einer gewissen Zeit zu **Kollision** .

b. Bei einer **normalen beschleunigten Bewegung bleibt die Kollision aus** .

7. Eine Gravitation erfordert eine 2. Masse , damit die Wirkung sichtbar wird , während bei einer normal beschleunigten Bewegung dies nicht erforderlich ist und die Kraft direkt wirkt. Somit ist auch hier der Unterschied durch Experiment nachweisbar .

Das sogenannte "Prinzip der Äquivalenz von Trägheit und Schwere " ist also nachweislich nicht zutreffend, d.h. eine Gravitation und eine normale gleichmäßig beschleunigte Bewegung sind also keineswegs äquivalent , genauso wenig wie z.B. ein heißes Bügeleisen und heißes Wasser äquivalent wären, nur weil sie beide heiß sind .

Im übrigen ist u.a. auch deswegen schon das Grundpostulat von Einstein zwecks Ableitung der Raumkrümmung in seiner allgemeinen Relativitätstheorie bzw. sozusagen das Fundament der allgemeinen Relativitätstheorie von Einstein nicht richtig , sodaß schon dadurch die gesamte allgemeine Relativitätstheorie von Einstein in sich zusammenbricht (Näheres s. mein Buch „ Sind die Relativitätstheorien von Einstein richtig?, meine energetische Relativitätstheorie").

Kapitel 14

Die erweiterte Relativität der Zeit

Gravierende Folgen meiner

Energetischen Relativitätstheorie

für die physikalischen Formeln

Es ist sehr erstaunlich, daß Jahrtausende lang die Zeit als eine **Konstante und absolute** Größe angesehen wurde.

Meine energetische Relativitätstheorie hat aber gezeigt, daß die Zeit keineswegs konstant, sondern sogar sehr variabel ist und durch Energie beeinflußbar ist (wegen der näheren Einzelheiten s. **mein Buch „ Sind die Relativitätstheorien   von   Einstein   richtig ? meine energetische Relativitätstheorie"**) .

Dadurch verlieren die meisten physikalischen Formeln, die eine Zeit beinhalten, mehr oder weniger ihre Bedeutung und Gültigkeit insofern, daß sie nunmehr nicht mehr überall angewendet werden können, da die jeweiligen

Energieverhältnisse von jedem Ort berücksichtigt werden müßten .

Wenn die **jeweiligen Energieverhältnisse** eines Ortes bekannt sind , können sie sozusagen von Ort zu Ort korrigiert werden.
Hier auf unserer Erde dürfte es im allgemeinen meistens keine größeren Probleme bereiten, die Energieverhältnisse eines Ortes zu bestimmen . Deswegen kann die Zeit an verschiedenen Orten hier auf der Erde in den meisten Fällen leicht berechnet werde .

Die genaue Zeitbestimmung wird aber erheblich schwieriger, wenn die Energieverhältnisse eines Ortes nicht genau bekannt sind und sie wird unmöglich, wenn die Energieverhältnisse eines Ortes überhaupt nicht bekannt sind .

Deswegen wird die universelle Anwendbarkeit unserer physikalischen Formeln, die Zeit beinhalten , erheblich eingeschränkt bzw. sogar unmöglich .

Aber auch unabhängig von dem Faktor Zeit sind unsere physikalischen Formeln nicht überall im Universum anwendbar. Wegen der näheren Einzelheiten wird verwiesen auf **meine wissenschaftliche Arbeit „ Über den Sinn und Unsinn unserer physikalischen Formeln „ , und ferner mein Buch „ Revolution der Astronomie und Physik „.**

Folgende Bücher von mir sind ebenfalls im Fachhandel bereits erhältlich , alle enthalten äußerst interessante Einzelheiten und Neuigkeiten und sind somit sehr empfehlenswert:

ISBN bzw. EAN:
978-3-8334-6667-0

ISBN bzw. EAN:
978-3-8334-8136-9

ISBN bzw. EAN:
978-3-8334-8310-3

ISBN bzw. EAN:
978-3-8334-8453-7

ISBN bzw. EAN :
978-3-8370-0834-0

ISBN bzw. EAN :
978-3-8370-1208-8

ISBN bzw. EAN :
978-3-8370-2788-4

ISBN bzw. EAN:
978-3-8370-4610-6

ISBN bzw. EAN:
978-3-8370-4405-8

ISBN bzw. EAN:
978-3-8370-5604-6

Ist das Newtonsche

Gravitationsgesetz richtig?

Schon als Gymnasialschüler war ich ein Bewunderer von Newton ,und seine Gesetze haben mich fasziniert. Das Gravitationsgesetz von Newton ist zweifellos eine der großartigsten Leistung unserer Astronomie und Physik gewesen und stellte einen großen Meilenstein in der Geschichte der Astronomie und Physik dar.
Später , als ich mich intensiver mit der Materie beschäftigte , kamen mir jedoch zunehmend Zweifel an der Richtigkeit seines Gravitationsgesetzes auf .
Die nachfolgend beschriebene Theorie habe ich schon Ende der 70iger Jahre bzw. Anfang der 80iger Jahre entwickelt , jedoch erst jetzt habe ich mich zu einer Publizierung entschieden, da ich an einigen weiteren Theorien arbeitete, die damit teilweise zusammenhingen.

Newton hat damals sein Gravitationsgesetz bzw. seine Gravitationsformel entwickelt aufgrund von Beobachtungen der Planetenbahnen und -bewegungen **innerhalb** unseres

Sonnensystems und natürlich aufgrund von dem damaligen Kenntnisstand der Wissenschaft .
Seitdem sind ca. 3,5 Jahrhunderte vergangen , es sind in der Zwischenzeit viele weitere Beobachtungen und viele Entdeckungen gemacht worden und der Wissensstand hat sich erheblich weiter entwickelt. Deswegen wollen wir uns überlegen , ob die Gravitationsformel von Newton noch richtig und haltbar ist.

Newton ist in seinem Gravitationsgesetz davon ausgegangen, daß die Gravitation eines Körpers (in seiner unmittelbaren Nähe, also unter der Weglassung des Faktors Entfernung) *konstant* und nur abhängig ist von seiner *Masse:*

$$F = G \cdot \frac{m1 \cdot m2}{r^2}$$

Ist die Gravitation aber wirklich konstant?

Bevor ich diese Frage beantworte, möchte ich anhand von sehr einfachen nachfolgenden Beispielen und Gesetzen die Wechselwirkungen zwischen **Energie** und **Schwingungen einschließlich der elektromagnetischen Wellen** für jeden besser anschaulich und verständlicher machen , ohne dabei auf viel unnötigen physikalischen Ballast und unnötige Formeln einzugehen :

1. Eine **Schaukel** stellt eine sehr einfache Schwingung dar . Wir wissen alle , daß wenn wir einer Schaukel **Energie zuführen** indem wir z.B. der Schaukel (in Richtung der Bewegung) einen zusätzlichen Stoß geben , die

Schaukelbewegungen   d.h.   die **Schwingungen intensiver** werden.

2. **Trillerpfeife**: Wenn wir den Druck erhöhen , d.h. kräftiger blasen (= **Energieerhöhung**) wird die Pfeife bekanntlich lauter , d.h. die **Schwingungen werden intensiver.**

3. **Musikinstrumente**:
Bei einem **Klavier** führt ein festerer Anschlag zu lauteren Klängen   , was   gleichbedeutend   ist   mit   einer **Intensivierung der Schwingungen.**

Bei den **Streichinstumenten** führt ein festeres Ziehen des Bogens (**Energieerhöhung**) zu lauteren Tönen d.h. zu **intensiveren Schwingungen**).

Bei den **Blasinstrumenten** wird durch ein kräftigeres Blasen die Lautstärke des Instruments ebenfalls erhöht , was gleichbedeutend ist mit **einer Intensivierung der Schwingungen (bei sehr starkem Blasen entsteht sogar die höhere Oktave , d.h. eine Frequenzzunahme der Wellen bzw. eine Abnahme der Wellenlänge , vergl. Analogie zu elektromagnetischen Wellen).**

Bei einer **Pauke** ist das Lauterwerden des Klangs durch festeres Schlagen besonders eindrucksvoll.

Dies   alles   bedeutet   und   demonstriert   sehr eindrucksvoll, daß bei einer Energieerhöhung die Schwingungen intensiver werden.

4. **Beim Sprechen und Singen** wird bekanntlich durch Druckerhöhung die Lautstärke erhöht, d.h. **die Erhöhung der Energie führt auch hier zur Intensivierung der Schwingungen.**

5. Eine Glühbirne wird heller, bei einer Erhöhung der Spannung, was gleichbedeutend ist , daß auch hier bei einer **Erhöhung der elektrischen Energie** (die bekanntlich auch proportional abhängig ist von der Spannung.) die emittierte **elektromagnetische Abstrahlung (Licht) intensiver wird.**

6. Röntgenstrahlung: Eine Erhöhung der Spannung der Röhre führt zu Entstehung intensiverer energiereicheren (härteren) Strahlung, bei gleichzeitiger Frequenzzunahme. Die Eindringtiefe der Strahlung nimmt zu .

7. Stefan –Bolzmannsches Gesetz: Danach **nimmt die abgestrahlte Leistung zu** sogar **mit der 4. Potenz der absoluten Temperatu**r, d.h. sie ist stark **Temperatur-** und somit **Energieabhängig**.

8. und sicherlich nicht zuletzt das **Strahlungsgesetz des schwarzen Körpers** (s. unten).

Das alles   bedeutet, daß eine <u>Energieerhöhung</u> zu Entstehung von <u>intensiveren</u> Schwingungen bzw. elektromagnetischen Wellen führen

Wir   wissen,   daß   die   Gravitation   sich   durch **Gravitationswellen** ausbreitet. Sie **gehören zum Spektrum der Elektromagnetischen Wellen**, mit einer enorm   kleinen   Wellenlänge. **(vergl. meine wissenschaftlichen Arbeiten über Gravitationswellen) .**

Wir kennen alle aus der Physik das **Strahlungsgesetz des schwarzen Körpers bzw. die Hohlraumstrahlung   . Danach nimmt die Intensität der Lichtes (die Energie**

**bzw. die Leistung) zu, wenn die Temperatur erhöht wird,
wobei gleichzeitig die Wellenlänge abnimmt .**
Die nachfolgende Graphik macht dies anschaulich :

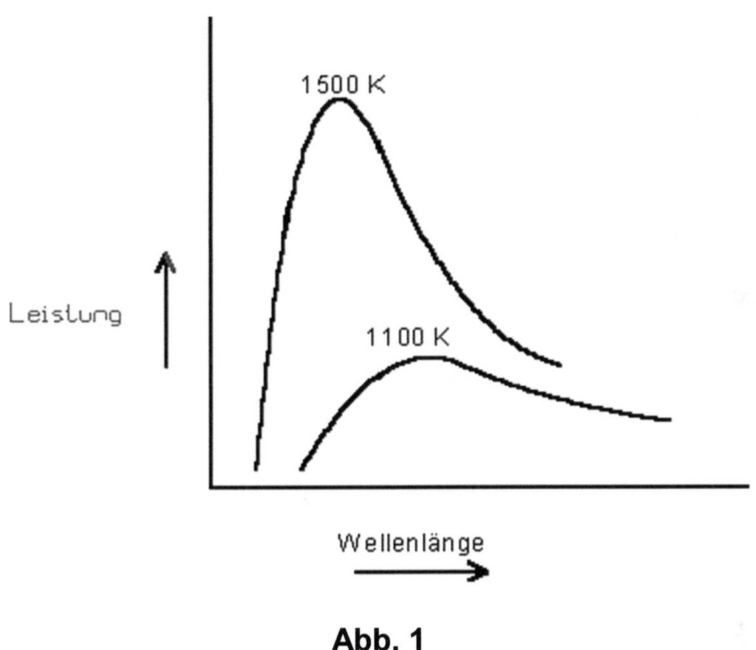

Abb. 1

Wir wissen alle z.B. wenn wir einen Gegenstand (z.B.
Eisen, Holz usw.) erhitzen, daß das Licht intensiver wird und
bei einer stärkeren Erhöhung der Temperatur das
aufgetretene Licht bzw. die aufgetretene Flamme mehr und
mehr eine bläuliche Farbe annimmt , d.h. **bei einer
Erhöhung der Temperatur (Energie) wird das *Licht
stärker* und die *Wellenlänge* wird zunehmend *kürzer*
(blau) .**

Wir wissen, daß dieses Gesetz gültig ist nicht nur für Licht, sondern auch für die übrigen elektromagnetischen Wellen . Also muß dieses Gesetz auch gültig sein für die Gravitationswellen .

Dies alles bedeutet im Klartext, daß bei einer Erhöhung der Energie bzw. bei einem höheren Energiezustand, die Intensität und somit die Energie der Gravitationswellen zunimmt , was gleichbedeutend ist mit einer Zunahme der Gravitation. Gleichzeitig nimmt auch die Wellenlänge der Gravitationswellen ab, was gleichbedeutend ist mit einer größeren Reichweite.

Die Gravitation eins Körpers ist also nicht konstant und ist abhängig von seinem Energiezustand. Ein Körper in einem normalen Energiezustand hat eine Gravitation , die nach der Formel von Newton berechnet werden kann. Es handelt sich um eine Grundgravitation. Bei einer Änderung des Energiezustandes dieses Körpers (z.B. starke Erhöhung der Temperatur) ändert sich die Gravitation entsprechend des jeweiligen Energiezustandes . Jeder Körper verfügt also über eine **Grundgravitation** und eine **potentielle zusätzliche Gravitation** , die freigesetzt werden kann bei einer Erhöhung des Energiezustandes. Bei dieser potentiellen Gravitation handelt es sich also um eine Art **eingefrorene zusätzliche Gravitation, die freigesetzt werden kann.**

Wir wollen nun versuchen dies in einer Formel darzustellen:
Wir haben nach dem Newtonschen Gravitationsgesetz:

$$F = G \cdot \frac{m_1 \cdot m_2}{r^2}$$

Wir müssen nun diese Formel ergänzen durch Einfügen von jeweils einem variablen Faktor E 1 und E2 (Energiezustand), der jeweiligen Körper mit der Masse m1 und m2, wobei E 1 und E2 um so größer sind , je größer der jeweilige Energiezustand ist.
Die von mir entwickelte neue Formel (Gravitationsformel von Bahrami) sieht dann so aus:

$$F = G \cdot \frac{m_1\, E_1 \cdot m_2\, E_2}{r^2}$$

Die jeweiligen Werte der E 1 und E2 müßten noch durch astronomische Beobachtungen und Berechnungen ermittelt werden.   Bei normalem Energiezustand beträgt dieser Faktor jeweils 1 , wobei dann das Ergebnis gleich ist, wie bei der Anwendung der Newtonschen Formel . Bei dem Energiezustand der Galaxien müßte dieser Faktor insgesamt mindestens 10 betragen . Dieser Faktor erreicht sein

Maximum, wenn die gesamte Masse in Energie umgewandelt wird , d.h. die gesamte Energie der Masse frei wird und somit ihre volle Wirkung entfalten kann. Das ist der Fall z.B. am „ Ende" des Universums , wenn die Expansion in Kontraktion übergeht .

Dies alles bedeutet zusammengefaßt im Klartext, **daß die Gravitation eines Körpers (außer der Abhängigkeit von der Entfernung) nicht konstant ist, d.h. nicht nur von der Masse abhängt, sondern auch mit dem Energiezustand des Körpers zusammenhängt , setzt sich also zusammen aus einer Grundgravitation und einer eingefrorene zusätzliche potentielle Gravitation .**

Das bedeutet auch ,daß durch Energiefreisetzung (M → E) eine **erhebliche zusätzliche** Gravitation freigesetzt wird . Das Maximum an Gravitation wird freigesetzt bei einer totalen Umwandlung der Masse in Energie.

Der Grund für dieses Phänomen ist, daß es sich bei den Gravitationswellen um Energiewellen handelt. Solange die Energie in Materie gebunden ist , ist die Gravitation gering, solbald aber die Energie frei wird, muß auch die Gravitation erheblich größer werden.

Ein Laie , der dieses Buch liest, kann sich dies z.B. ganz einfach anhand von dem folgenden banalen Beispiel klarmachen :
z.B. ein   stehendes Auto kann Fähigkeiten entfalten, die zunächst nicht wahrnehmbar sind, nämlich Bewegen bzw. Fahren . Diese Fähigkeiten treten erst bei einer Änderung des Energiezustandes , nämlich beim Gasgeben   in Erscheinung .

Wegen einer unfassenden Darstellung der Gravitatioinswellen und ihrer Eigenschaften und zum besseren Verständis dieser faszinierenden Phänomene wird verwiesen auf **meine wissenschaftlichen Arbeiten über die Gravitationswellen** und ferner auf **meine Bücher „Sind die Relativitätstheorien von Einstein richtig?, meine energetische Relativitätstheorie „** und **„Revolution der Astronomie und Physik „** .

Durch diese Theorie von mir werden einige bisher nicht lösbar erscheinende nachfolgend beschriebene Phänomene erklärbar und diese Theorie wird gleichzeitig dadurch bewiesen , z.B.

1. Wir wissen, daß die berechnete **Masse der einzelnen Galaxien** nur ca. **10 %** der Masse beträgt, die erforderlich wäre , um die Galaxie aufgrund der nach der Newtonschen Gravitationsformel berechneten Gravitationskraft zusmmenzuhalten. **Nach meiner Gravitationstheorie wird verständlich, daß diese berechnete Masse völlig ausreicht um die erforderliche zusätzliche Gravitationskraft zu liefern,** da die Galaxien sich in einem sehr hohen Ernergiezustand befinden z.B. durch die enorm hohen Temperaturen insbesondere im Kern der Galaxien, durch enorm hohen Druck, und die durch Strahlung freigesetzte Energie usw. Ohne meine Theorie würden die Sterne der Galaxien auseinanderfliegen bzw. aus der Galaxie ausbrechen.

2. Es war ebenfalls bisher unklar, **weshalb die gesamten Milliarden Sterne einer Galaxie an der Rotation der Galaxie teilnehmen. Meine Theorie macht dies**

ebenfalls verständlich und liefert die zusätzliche dafür erforderliche Gravitationskraft.

3. Auch die **äußerst schnelle Rotationsgeschwindigkeit** von ca. 250 Km/ s (wohl gemerkt nicht pro Stunde sondern pro Sekunde !!!!) , die in Relation zu der bisher berechneten Gravitationskraft einer **Galaxie** zu schnell erschien, **wird durch meine Theorie verständlich.** Diese schnelle Rotationsgeschwindigkeit ist erforderlich zur Erzeugung der sehr starken und in dieser Stärke erforderlichen starken Zentrifugalkraft , zur Kompensation der nach meiner Formel berechneten starken Gravitation der Galaxie , damit die einzelnen Sterne der Galaxie auf der Bahn gehalten werden und nicht durch die sehr starke Gravitationskraft des Zentrums der Galaxie in das Zentrum fallen bzw. sich dem Zentrum stark nähern .

4. **Ein weiterer Beweis für meine Theorie hat die neuen Beobachtungen des Hubble-Teleskops geliefert**: Einige Galaxien sind am Himmel mehrfach abgebildet, weil deren Licht durch eine davor liegende Galqaxie durchgegangen ist und diese Galaxie wie eine **Linse** gewikrt hat (sogenannten Einsteinschen Linse) . Es ist durch das Hubble-Teleskop z.B. eine Photographie gelungen , worauf eine Galaxie hierdurch 5 –fach abgebildet zu sehen ist.
Dadurch kann nunmehr die Gravitation der als Linse gewirkten Galaxie aufgrund der berechneten Masse der Galaxie und der Newtonschen Gravitaionsformel berechnet werden. Diese Berechnung hat aber ergeben, daß diese Berechnung nur ca. **10 %** der für diese Abbildungen erforderlichen Gravitation liefert, sodaß als eine Art Notlösung eine (nur vermutete und erst gar nicht

vorhandene   ) Art dunkle Materie bzw. dunkler Staub !!
unterstellt wurde.
Meine Theorie löst auch dieses Problem und liefert die fehlende Gravitationskraft. Dies ist gleichzeitig ein weiterer Beweis für meine Theorie.

5. Nach den Berechnungen der Astronomen   , die die gesamte **Masse des Universums** berechnet haben, liefert die gesamte Masse des Universums nur ca. **10 %** der erforderlichen Gravitationskraft , die für die Rückkehr des Universums erforderlich wäre, wenn die Newtonsche Gravitationsformel zugrundegelegt würde. **Meine Theorie liefert auch hier die scheinbar fehlende Gravitation und beweiset gleichzeitig, daß die berechnete Masse für die Rückkehr des Universums ausreichend wäre (vergl. auch mein Buch „ Das Geheimnis der Enstehung des Universums, meine DPNS-Theorie „).**

Das   Universum verfügt somit über riesige bisher unahnbare Gravitationsreserven .

Um die eingangs gestellte Frage abschließend zu beantworten:
Das Newtonsche Gravitationsgesetz ist <u>nicht</u> richtig und muß dringend wie oben dargestellt korrigiert werden .

Kapitel 16

Verfügt die Energie auch über eine Gravitation ?

Meine Entdeckung und Theorie

der Gravitation der Energie

Erweiterung des Begriffs Gravitation

Es ist erstaunlich, daß über die Gravitationswirkung der **Masse** offenbar viel nachgedacht und geschrieben worden ist , aber kaum darüber, ob auch die **Energie** über eine Gravitation verfügt .

Zum bessern Verstehen der Thematik dieses Kapitels müssen einige Feststellungen des vorigen Kapitels hier wiederholt und ergänzt werden.

Im Kapitel 15 und Im Rahmen meiner wissenschaftlichen Arbeit „Ist das Newtonsche Gravitationsgesetz richtig?" konnte ich zeigen und ausführlich dafür Beweis führen , **daß das Newtonsche Gravitationsgesetz nicht mehr richtig ist und dringend gemäß meiner neuen Gravitationsformel korrigiert bzw. ersetzt werden muß** (s. dort) .

Ich konnte dort zeigen und nachweisen , **daß eine Energieerhöhung zur Entstehung von intensiveren Schwingungen bzw. intensiveren elektromagnetischen Wellen führt** .

Wir wissen, daß die Gravitation sich durch Gravitationswellen ausbreitet . **Die Gravitationswellen gehören ferner zum Spektrum der Elektromagnetischen Wellen und werden kontinuierlich emittiert** (vergl. Kapitel 17) .

Wir kennen alle aus der Physik ferner das **Strahlungsgesetz des schwarzen Körpers bzw. die Hohlraumstrahlung . Danach nimmt die Intensität der Lichtes (die Energie bzw. die Leistung) zu, wenn die Temperatur erhöht wird , wobei gleichzeitig die Wellenlänge abnimmt** (z.B. bei einer Temperatur von 1500 K ist die Leistung bzw. Energie erheblich höher und die Wellenlänge kleiner als bei einer Temperatur von 1100 K) , s. Abb. 1 im Kapitel 15 .

Es ist außerdem bekannt , daß wenn wir einen Gegenstand (z.B. Eisen, Holz usw.) erhitzen, daß das Licht intensiver wird und bei einer stärkeren Erhöhung der Temperatur das aufgetretene Licht bzw. die aufgetretene Flamme mehr und mehr eine bläuliche Farbe annimmt , d.h. **bei einer**

Erhöhung der Temperatur wird das *Licht stärker* und die *Wellenlänge* wird zunehmend *kürzer* (blau) .

Wir wissen, daß dieses Gesetz gültig ist nicht nur für Licht, sondern auch für die übrigen elektromagnetischen Wellen . Also <u>muß</u> dieses Gesetz auch gültig sein für die Gravitationswellen .

Dies alles bedeutet im Klartext, daß bei einer Erhöhung der Energie bzw. bei einem höheren Energiezustand, die Intensität und somit die Energie der Gravitationswellen zunimmt , was gleichbedeutend ist mit einer Zunahme der Gravitation. Gleichzeitig nimmt auch die Wellenlänge der Gravitationswellen ab, was gleichbedeutend ist mit einer **größeren Reichweite.**

Die Gravitation eines Körpers ist also nicht konstant und ist abhängig von seinem Energiezustand.

Ein Körper in einem normalen Energiezustand hat eine Gravitation , die nach der Formel von Newton berechnet werden kann. Es handelt sich um eine **Grundgravitation.** Bei einer Änderung des Energiezustandes dieses Körpers (z.B. starke Erhöhung der Temperatur) ändert sich die Gravitation entsprechend des jeweiligen Energiezustandes . Jeder Körper verfügt also über eine **Grund**gravitation und eine **potentielle** zusätzliche **Gravitation** , die freigesetzt werden kann bei einer Erhöhung des Energiezustandes. **Bei dieser potentiellen Gravitation handelt es sich also um eine Art eingefrorene zusätzliche Gravitation, die freigesetzt werden kann.**

Die im Kapitel 15 dargestellte von mir entwickelte neue Formel (Gravitationsformel von Bahrami) bringt das sehr gut zum Ausdruck :

$$F = G \cdot \frac{m_1\ E_1 \cdot m_2\ E_2}{r^2}$$

wobei E1 und E2 Ausdruck der Energiezustände der jeweiligen Körper sind.

Dies alles bedeutet zusammengefaßt im Klartext, **daß die Gravitation eines Körpers** (außer **der Abhängigkeit von der Entfernung) nicht konstant ist, d.h. nicht nur von der Masse abhängt, sondern auch mit dem Energiezustand des Körpers zusammenhängt** , **setzt sich also zusammen aus einer Grundgravitation** und einer **eingefrorenen zusätzlichen potentiellen Gravitation** .

Das bedeutet aber auch gleichzeitig , daß durch Energiefreisetzung eine **erhebliche zusätzliche Gravitation** freigesetzt wird . Das Maximum an Gravitation wird freigesetzt bei einer totalen Umwandlung der Masse in Energie.

Der Grund für dieses Phänomen ist, daß es sich bei den Gravitationswellen um **Energiewellen** handelt. Solange die Energie in Materie gebunden ist , ist die Gravitation relativ gering, sobald aber die Energie frei wird, muß auch die Gravitation erheblich größer werden.

Aufgrund dieser Experimente und Beweisführungen muß aber auch gleichzeitig die Schlußfolgerung gezogen werden, daß auch die Energie selbst über eine Gravitation verfügen muß , und zwar auch ohne das Vorhandensein einer festen Masse .

Eine weitere Beweisführung ist ferner gegeben durch die Äquivalenz der Masse und Energie. Da die Masse über eine Gravitation verfügt muß also auch die Energie eine Gravitation haben .

Man kann dies besser verstehen , indem man sich die Frage stellt , was aus der Gravitation einer Masse wird, die sich total in Energie umwandelt . Sie kann sich kaum in nichts auflösen .

Auch bei der Gravitationswirkung der Energie verhält es sich so, **daß die Energie (bzw. Energiewellen) einerseits durch ihre Gravitation Massen anziehen kann , andererseits aber daß sie selbst durch die Gravitationswirkung einer Masse angezogen werden kann** , genauso wie bei der den Gravitationswechselwirkungen der Masse.

Genau das ist die Ursache der beobachteten Ablenkung der Lichtstrahlen durch eine größere Masse wie z.B. die Sonne.

Es ist aber wohl so, daß **die Gravitationswirkung der Energie erheblich größer ist , als die Gravitationswirkung der Masse , d.h. z.B. daß wenn eine Masse sich total in Energie umwandeln würde, eine noch erheblich größere Gravitation entstehen würde , als diese Masse vorher besessen hatte.**

Der Grund dürfte darin liegen, daß bei einer Umwandlung der Masse in Energie die vorher quasi geschlossenen Energiewellen sich öffnen und somit eine erheblich größere Gravitation erzeugen können .

Diese wichtige Tatsache und Entdeckung daß auch die Energie über eine Gravitation verfügt , ist von beachtlicher Bedeutung ,war aber bisher leider unentdeckt geblieben . Sie wird aber zu erheblichen Konsequenzen in der Physik und Astronomie führen und viele Phänomene erklären, die bisher unerklärbar schienen .

Durch diese Entdeckungen und Theorien wird aber auch gleichzeitig der Begriff Gravitation erheblich erweitert und ergänzt .

Wegen einer unfassenden Darstellung der Gravitationswellen und ihrer Eigenschaften und zum besseren Verständnis wird verwiesen auf Kapitel 16 , auf meine wissenschaftliche Arbeit „ **Das Geheimnis der Gravitationswellen** „ und ferner auf meine Bücher **"Das Geheimnis der Entstehung des Universums, meine DPNS-Theorie "** und „ **Die Geheimnisse der Universums".**

Durch diese Theorie von mir werden einige bisher nicht lösbar erscheinenden und nachfolgend beschriebenen Phänomene erklärbar und diese Theorie wird gleichzeitig dadurch bewiesen , z.B.

1. Wir wissen, daß die berechnete **Masse der einzelnen Galaxien** nur ca. 10 % der Masse beträgt , die erforderlich wäre , um die Galaxie aufgrund der nach der Newtonschen Gravitationsformel berechneten Gravitationskraft zusammenzuhalten **Nach meiner Gravitationstheorie wird verständlich, daß diese berechnete Masse völlig ausreicht um die erforderliche zusätzliche Gravitationskraft zu liefern,** da die Galaxien sich in einem **sehr hohen Energiezustand** befinden z.B. durch die enorm hohen Temperaturen insbesondere im Kern der Galaxien, durch

enorm hohen Druck und durch dort freigesetzte magnetische und elektrische Energie usw.

Ohne meine Theorie würden die Sterne der Galaxien auseinander fliegen bzw. aus der Galaxie ausbrechen.

2. Es war auch bisher unklar, **weshalb die gesamten Milliarden Sterne einer Galaxie an der Rotation der Galaxie teilnehmen. Meine Theorie macht dies ebenfalls verständlich und liefert die zusätzliche dafür erforderliche Gravitationskraft.**

3. Auch die **äußerst schnelle Rotationsgeschwindigkeit der Galaxien von ca. 250 km/s** (wohl gemerkt nicht pro Stunde sondern **pro Sekunde !!!!)** , die in Relation zu der bisher berechneten Gravitationskraft einer **Galaxie** zu schnell erschien, **wird durch meine Theorie verständlich**. Diese schnelle Rotationsgeschwindigkeit ist erforderlich zur Erzeugung der sehr starken und in dieser Stärke erforderlichen Zentrifugalkraft , zur Kompensation der nach meiner Formel berechneten starken Gravitation der Galaxie , damit die einzelnen Sterne der Galaxie auf der Bahn gehalten werden und nicht durch die sehr starke Gravitationskraft des Zentrums der Galaxie in das Zentrum fallen bzw. sich dem Zentrum stark nähern .

4. **Ein weiterer Beweis für meine Theorie hat die neuesten Beobachtungen des Hubble-Teleskops geliefert**: Einige Galaxien werden am Himmel mehrfach abgebildet, weil deren Licht auf dem Wege zu uns durch eine davor liegende Galaxie durchgeht und diese Galaxie wie eine **Linse** wirkt (sogenannte Einsteinsche Linse) . Es ist z.B. durch das Hubble-Teleskop eine Photographie gelungen , worauf 5 Abbildungen einer Galaxie zu sehen sind .

Dadurch kann nunmehr die Gravitation der als Linse gewirkten Galaxie aufgrund der berechneten Masse der Galaxie und der Newtonscher Gravitationsformel berechnet werden.

Diese Berechnung hat aber ergeben, daß die Newtonschen Gravitationsformel nur ca. 10 % der für diese Abbildungen erforderlichen Gravitation liefern kann , sodaß als eine Art Notlösung eine (nur vermutete und erst gar nicht vorhandene) Art dunkle Materie bzw. dunkler Staub (!!) unterstellt wurde.

Meine Theorie löst auch dieses Problem und liefert die fehlende Gravitationskraft. Sie ist ein weiterer Beweis für meine Theorie.

5. Nach den Berechnungen der Astronomen , die die gesamte **Masse des Universums** berechnet haben, liefert die gesamte Masse des Universums nur ca. 10 % der erforderlichen Gravitationskraft , die für die Rückkehr des Universums erforderlich wäre, wenn die Newtonsche Gravitationsformel zugrundelegt wird .

Meine Theorie liefert auch hier die scheinbar fehlende Gravitation und beweist gleichzeitig, daß die berechnete Masse für die Rückkehr des Universums ausreichend wäre.

Diese Phänomene bzw. Beweise , die im vorigen Kapitel 15 dargestellt worden waren, mussten hier praktisch nochmals wiederholt werden, **da sie gleichzeitig auch meine in diesem Kapitel 16 dargestellte Theorie beweisen.**

Das Universum verfügt somit über riesige bisher ungeahnte   Gravitationsreserven .

Im übrigen ist diese oben dargestellte variable Gravitation je nach dem Energiezustand   gleichzeitig ein weiterer wichtiger Faktor bei der Regulation des ganzen Universums, um Entgleisungen und Katastrophen zu verhindern   (näheres s. mein Buch „Große Geheimnisse des Universums BD II" und ferner meine wissenschaftliche Arbeit " Regelkreise und Rückkopplungen im Universums").

Kapitel 17

Die Gravitationswellen

Ist die Wellenlänge der Gravitationswellen besonders lang oder sehr kurz?

Wieso kann die Gravitation über so große Distanzen übertragen werden ?

Können die Gravitationswellen gemessen werden ?

Die Gravitationsformel von **Newton** stellte einen großen Meilenstein in der Geschichte der Astronomie dar und war zweifellos eine der größten Leistungen in der Astronomie überhaupt.

Die Leistung war so großartig und die Begeisterung so groß, daß jegliche Überlegungen über das „ Wie" bzw. über die Art der **Übertragung der Gravitation** völlig in den Hintergrund geriet, ganz abgesehen davon ,daß die damalige Zeit für eine Beantwortung dieser Frage zweifellos total überfordert gewesen wäre, da damals nicht einmal nähere Einzelheiten z.B. über das Licht bekannt waren.

Wir wissen ferner aus der Entwicklungsgeschichte und aus der Entwicklung der Technik, daß Entwicklungen und die Entdeckungen **stufenweise** vor sich gehen und **aufeinander aufbauen.**

Es waren insbesondere einige Astronomen und Physiker des 20. Jahrhunderts, die sich ausführlich mit der Übertragung der Gravitation von einem Körper zu dem anderen beschäftigten und sich bemühten , **Gravitationswellen** nachzuweisen.

Im Rahmen de Kapitels 18 werde ich ausführlich darstellen , **mit welchen großen gedanklichen Fehlern diese Versuche behaftet waren und sind, und daß der eingeschlagene Weg nicht weiter führen konnte und auch nicht weiter führen kann.**

Nachfolgend im Rahmen dieses Kapitels möchte ich jedoch zunächst näher auf die Gravitationswellen eingehen und auch meine persönliche Ansichten über die Gravitationswellen darstellen :

Eines möchte ich aber zunächst vorweg schicken :

Es ist vielfach die Meinung geäußert worden, daß die Gravitationswellen emittiert werden nur bei Änderungen des Gravitationsfeldes , also **diskontinuierlich** .

Das ist aber völlig ausgeschlossen, da die Gravitation laufend wirksam ist und für das wirksam werden der Gravitation der laufende Empfang der emittierten Gravitationswellen erforderlich ist, oder glauben Sie wirklich an Raumkrümmung ?

Im Rahmen des Kapitels 12 dieses Buches konnte ich allerdings zeigen und beweisen , daß der Raum nicht krumm ist und auch nicht krumm sein kann . Die Gravitationswellen müssen also **kontinuierlich** emittiert werden **(vergl. auch mein Buch" Sind die Relativitätstheorien von Einstein richtig?, meine energetische Relativitätstheorie"** .

Die Gravitationswellen müssen insbesondere folgende Eigenschaften haben:

1. **Sie müssen sich sehr weit ausbreiten können**

2. **Sie müssen durch die Materie durchgehen können, auch durch sehr dicke Materie, wie z.B. durch Planeten**

Schauen wir uns einmal **das Spektrum der elektromagnetischen Wellen** auf der nachfolgenden Tabelle an , wobei **die Wellenlänge von oben nach unten immer kleiner wird:**

Radiowellen
Mikrowellen
Infrarotstrahlung
Sichtbares Licht
Ultraviolettstrahlung
Röntgenstrahlung
Gammastrahlung

Es fällt ferner auf , daß bei wechselnder Wellenlänge die Eigenschaften sich total ändern können.

Z.B. UV-Strahlen haben im Gegensatz zum sichtbaren Licht **karzinogene Eigenschaften (maligne Melanome)** , Rö.-Strahlen können durch den Körper durchgehen (Rö.-Bilder), Gamma-Strahlen gehören zu den **Radioaktiven Strahlen** usw.

Bei den Gravitationswellen muß es sich um Wellen mit **extrem kleiner Wellenlänge** handeln, da wie wir oben festgestellt haben, sie sich **über sehr große Distanzen** ausbreiten können und über eine enorm **große Durchdringungskraft** verfügen müssen , d.h. durch die Materie gehen können. Es ist ferner davon auszugehen, daß sie sich einordnen lassen auf die Skala der elektromagnetischen Wellen.

Die Gravitationswellen sind deswegen nach meiner Ansicht anzusiedeln im untersten Bereich des Spektrums der elektromagnetischen Wellen, nämlich unterhalb der Gamma-Wellen .

Die Eigenschaften sind wieder ganz anders, d.h. sie übertragen die Gravitation und sind keineswegs etwa radioaktiv, genau so wenig , wie das normale Licht.

Es ist von einigen Wissenschaftlern behauptet worden, daß es sich bei den Gravitationswellen um Wellen mit besonders großer Wellenlänge handelt würde (es ist sogar die Rede von Wellenlängen von mehreren Kilometern) .

Jedoch schon durch die folgende einfache logische Überlegung läßt sich diese Behauptung widerlegen :

Wie wir wissen und wie außerdem nachfolgend gezeigt werden wird, **entstehen Wellen durch Schwingungen** . Es ist ferner sehr logisch, daß durch die Schwingungen **kleiner** Teile ,Wellen mit **kleiner** Wellenlänge entstehen und durch die Schwingungen **großer** Teile , Wellen mit **großer** Wellenlänge entstehen .

Genau deswegen sind die Baßsaiten eines Flügels oder Klaviers erheblich länger als die Saiten, die die hohen Töne erzeugen , da die Bässe bekanntlich eine größere Wellenlänge haben . Genau deswegen sind auch die Saiten eines Cellos länger als die Saiten einer Geige , und genau deswegen klingt ein Cello tiefer als eine Geige .

Schon jedes Atom , jeder Atomkern und jedes Elektron muß auch über eine Gravitation verfügen, da sie auch über eine Masse verfügen . Deswegen müssen die Gravitationswellen in den Atomen bzw. in ihren Bestandteilen entstehen können .

Da die Atome und erst recht ihre Bestandteile äußerst klein sind, sind sie nur in der Lage Wellen mit äußerst kleiner Wellenlänge zu erzeugen und keineswegs etwa Wellen mit großer Wellenlänge .

Wir wissen ziemlich viel über die anderen Elektromagnetischen Wellen, während wir über die Gravitationswellen fast gar nichts wissen.

 Z. B. wir wissen , daß die **Radio-Wellen durch die Schwingungen der losen Elektronen** zustande kommen, die **Ultraschallwellen durch die Schwingungen der**

Kristalle, ferner daß **das Licht durch die sogenannte Quantensprünge der Elektronen der äußeren Schale der Atome** entsteht, d.h. durch Elektronensprünge zwischen der äußersten Schale und der darunter liegenden Schale, die **Rö.-Strahlen durch Quantensprünge der Elektronen der inneren Schalen der Atome** und die **Gamma-Srahlen durch Schwingungen der Kerne der Atome (genau deswegen wird die Wellenlänge von den Radiowellen bis zu Gamma-Strahlen immer kleiner) .**

Meiner Meinung nach handelt es sich bei den Gravitationswellen um Abstrahlungen der Materiewellen und kommen durch Schwingungen der Materiewellen zustande. Die Wellenlängen müssen demnach äußerst klein sein und im Bereich der Wellenlänge der Materiewellen liegen . Beim Spektrum der elektromagnetischen Wellen sind die Gravitationswellen anzusiedeln unterhalb der Gamma-Strahlen und praktisch am äußersten unteren Ende des Spektrums , wobei es nicht verwunderlich ist, daß sie völlig andere Eigenschaften haben , als die Gamma-Strahlen, nämlich keine Radioaktivität. Die großen Eigenschaftsänderungen sind beim Spektrum der elektromagnetische Wellen die Regel, wie oben bereits ausführlich dargestellt .

Ich schätze also die Wellenlänge der Gravitationswellen bei einem Bereich etwa in der Größenordnung der De-Broglie-Materiewellenlänge .

Auch bei den Gravitationswellen dürfte es sich innerhalb der äußerst kleinen Wellenlänge um ein **Gemisch** von kleineren und größeren Wellenlängen handeln, je nach der Art der jeweiligen Materie (z.B. bei Fe, oder Cu od. Pb usw), ähnlich z.B. wie das Licht.

Wir haben bekanntlich **Erzeugungs- und Nachweismethoden für** die Wellen der anderen Bereiche der elektromagnetischen Skala und auch für andere Wellen (z.B. Schallwellen) , die durchaus verschiedene Arten von Geräten erfordern., da sie sich teilweise stark voneinander unterscheiden .

Z. B. die **Radiowellen erzeugen** wir durch **Radio-Sender** (bestehend aus passiven und aktiven **elektronischen Bauelementen**, wie Kondensatoren, Spulen , Röhren bzw. Transistoren) und **empfangen durch Radio-Geräte bzw. Tuner** (ebenfalls **elektronische Bauelemente**), die **Lichtstrahlen werden z. B. durch Glühbirnen erzeugt und durch unsere Augen bzw. durch lichtempfindliche Filme empfangen bzw. nachgewiesen** , die **Rö.-Strahlen werden durch Aufprall der Elektronenstrahlen** erzeugt und **durch Fluoreszenz- Schirme bzw. geeignete Filme nachgewiesen** , die **Gamma-Strahlen werden durch radioaktive Substanzen erzeugt** und **durch die Gamma-Kameras empfangen.**

In der nachfolgenden Tabelle ist dies alles nochmals zusammengefaßt und übersichtlich dargestellt:

	Erzeugung	Nachweis
Schallwellen	Musikinstrumente, Kehlkopf	Ohren ,elektronische Bauelemente
Radiowellen	Elektronische Bauelemente	Elektronische Bauelemente
Ultraschallwellen	Kristalle	Kristalle
Licht	Erhitzung , Feuer, elektr. Strom, chem. Reaktion, Kernreaktion	Augen (Stäbchen und Zapfen d. Retina) , Film
Röntgen.-Strahlen	Aufprall von Elektronenstrahlen auf Metall	Fluoreszenz-Schirm ,Film
Gamma-Strahlen	Radioaktivität	Geiger-Zähler , Compton-Camera

Bei den Gravitationswellen besteht zunächst das Problem, daß wir keine geeigneten Empfangs- bzw. Nachweisgeräte dazu besitzen . Oder ?

Wenn wir einen **Stein** von oben auf die Erde fallen lassen, so wissen wir alle, daß er **senkrecht** auf die Erde fällt . **Also der Stein muß die Gravitationswellen bzw, die Gravitationsinformation empfangen können .**

Ein fallengelassener Stein auf dem Mond , auf Jupiter oder auf anderen Himmelskörpern wird im übrigen ebenfalls **senkrecht** fallen , unabhängig davon , ob diese Himmelskörper größer oder kleiner sind als die Erde und somit über größere oder kleinere Gravitationen verfügen .

Sowohl die Pflanzen, als auch die Tiere und erst recht die Menschen sind wohl in der Lage die Gravitation zu empfangen bzw. zu fühlen.

Es ist bekannt , daß die Pflanzen durchaus unterscheiden können, wo oben und wo unten ist . Z. B. die Pflanzen wurzeln immer nach unten , aber der Stiel bzw. die Pflanze selbst wächst immer nach oben. Man könnte meinen, die Orientierung   bzw. das Fähigkeit zwischen oben und unten zu unterscheiden würde durch das Licht verursacht . Es ist jedoch aufgrund von Versuchen nachgewiesen worden, daß die Pflanzen auch bei völliger Dunkelheit dazu in der Lage sind und zwar beim Keimen des Samens .

Die Pflanzen müssen also unterscheiden können , in welcher Richtung die **Schwerkraft** der Erde und somit in welcher Richtung die Gravitation der Erde verläuft

Auch die Tiere und erst recht der Mensch können sehr gut unterscheiden , wo, oben und wo unten ist, und zwar bei allen Körperpositionen und bei völliger Dunkelheit .

Auch solche Versuche sind selbstverständlich mehrfach durchgeführt worden.

Die Menschen   und die höheren Tiere haben in ihrem **Innenohr** Rezeptoren   in Form von winzigen kleinen kalkhaltigen Körnern (**Statolithen**) die durch die Gravitation der Erde angezogen werden und diese Signale an die darunter liegenden Haarzellen weiter übertragen, die die Signale ihrerseits durch den N. Statoakusticus an das Gehirn weiter leiten und so dafür sorgen, daß die Gravitation der Erde und ihre Richtung gespürt werden kann .

Wir haben ferner Rezeptoren in unserem gesamten Körper, die durchaus in der Lage sind festzustellen , in welcher Richtung die Gravitation verläuft und wie stark sie ist . Wir kennen alle das **Schweregefühl** .

wir wissen ferner aus der Raumfahrt, daß bei der Schwerelosigkeit die Muskulatur und die Knochen atrophisch werden. Deswegen können die Astronauten , die längere Zeit im Weltraum waren, nach ihrer Rückkehr am Anfang kaum gehen.

Auch diese **Rezeptoren** müssen die Gravitationswellen empfangen können .

Zusammengefaßt   wir Menschen, die Tiere und die Pflanzen sind wohl in der Lage die Gravitation und ihre Richtung zu empfangen und wahrzunehmen .

Die Evolution hat somit zumindest die höheren Lebewesen mit Empfangseinrichtungen   zum Empfang und Wahrnehmung der Gravitationswellen ausgestattet und laufend perfektioniert .

Die Tatsache, daß die Evolution auf der Erde bisher seit ca. 4 Milliarden Jahren im Gang ist und somit so lange Zeit hatte, dies zu perfektionieren, zeigt, daß bessere Empfangsmöglichkeiten für die Gravitationswellen schwer zu entwickeln sind .

Wie wir oben festgestellt haben, ist aber überhaupt jede Materie in der Lage die Gravitation zu empfangen .

Die Haupteigenschaft der Gravitationswellen ist eben die Schwerkraft, die sie übertragen, genau so wie die Haupteigenschaft der Lichtwellen das Licht ist.

Die Natur hat zum Empfang der Lichtwellen das Auge entwickelt und immer weiter perfektioniert , und dazu die Haupteigenschaft der Lichtwellen , nämlich das Licht bzw. die Helligkeit benutzt.

Die Haupteigenschaft der Gravitationswellen ist , wie bereits erwähnt ,die Schwerkraft , und dies hat die Natur , wie oben dargestellt, ebenfalls bestens zur Wahrnehmung der Gravitationswellen benutzt und perfektioniert.

Deswegen müssen wir , wenn wir geeignete Geräte zum Empfang der Gravitationswellen entwickeln wollen, logischerweise die Haupteigenschaft dieser Wellen, nämlich die Schwerkraft zu deren Nachwies und Messung benutzen. Dazu haben wir bekanntlich bereits geeignete Geräte, nämlich die **Waage**.

Es wäre interessant , in dieser Richtung zu forschen und versuchen z. B : erheblich präzisere Waagen zu entwickeln , um z.B. **Gravitationsschwankungen** festzustellen bzw. nachzuweisen .

Wenn wir aber noch einen Schritt weiter gehen und auch genau feststellen wollen , wie sie z.B. aussehen und möchten ihre Wellenlängen feststellen und messen , **müssen wir z.B. mit verschiedenen Geräten Messungen durchführen an verschiedenen Orten , an denen zu erwarten ist, daß dieselben Wellen verschiedene Intensitäten haben (wie z.B. helles und dunkles Licht)** , da wir noch nicht genau wissen wie sie aussehen .

Kapitel 18

Folgen eines weiteren tragischen Irrtums in der Astronomie Durch das Verkennen des Wesens der Gravitationswellen

Nachfolgend möchte ich ausführlich auf einen weiteren tragischen Irrtum in der Astronomie hinweisen und anhand dieses Beispiels zeigen und darauf aufmerksam machen, **wohin so ein Irrtum führen und welche enorme Kosten er verursachen kann** , wobei ich nochmals darauf hinweisen möchte, daß solche Irrtümer keineswegs Raritäten sind .

Keiner würde wahrscheinlich auf die absurde Idee kommen, bei vollem Sonnenschein Sterne am Himmel zu suchen oder versuchen sie zu

beobachten .   Der   Grund   brauchte wahrscheinlich nicht einmal erwähnt zu werden.

Trotzdem muß ich den Grund hier erwähnen , da dies für das Verständnis des nachfolgend dargestellten wichtig ist. **Der Grund liegt selbstverständlich darin, daß das helle Sonnenlicht das schwache Licht der Sterne überstrahlt, so daß die Sterne nicht sichtbar sind.**

Dieses Prinzip ist trotzdem von einigen Astronomen mißachtet worden und hat Anlaß gegeben zu einem **gravierenden Irrtum** , nämlich im Zusammenhang mit der Forschung der Gravitationswellen und den Versuchen sie nachzuweisen.

Es ist bekanntlich von einigen Astronomen wiederholt versucht worden Gravitationswellen der weit entfernten Himmelsobjekte hier auf der Erde zu empfangen bzw. nachzuweisen,   teilweise   unter   massiven Geldinvestitionen und Aufbau von sehr teuren Anlagen.

Es sind z.B. sogenannte Gravitationswellen-Detektoren bzw. Interferometer aufgebaut und sogar Tunnel von mehreren Kilometern Länge gebaut worden .

Alle diese Versuche waren erfolglos , wie aus den oben dargestellten Gründen vorher zu erwarten war.

Wir wollen nun weiterdenken und uns die Frage stellen, **ob es möglich ist auf unserem Rundfunkgerät einen schwachen Sender zu empfangen, der mit der gleichen Frequenz oder ungefähr mit der gleichen Frequenz sendet, wie ein starker Sender . Die Antwort lautet selbstverständlich nein .**

Auch dieser Sachverhalt kann selbstverständlich übertragen werden auf die Gravitationswellen .

Wir wollen einmal die Sachen bzw. die Sachlage logisch betrachten: **Es ist völlig klar, daß die stärksten Gravitationswellen , die wir hier auf der Erde empfangen und nachweisen könnten, die Gravitationswellen der Erde selbst bzw. der Sonne sein müssen ,** die die Erde auf ihrer Bahn um die Sonne sozusagen festhalten .

Diese Gravitationswellen sind so stark, daß so ein massiver Körper wie die Erde auf ihrer Bahn um die Sonne festgehalten , und die massive Zentrifugalkraft kompensiert wird .

Jegliche andere Gravitationswellen etwa der anderen Himmelskörper , die uns hier auf der Erde erreichen würden, wären im Vergleich dazu so unverhältnismäßig schwach, daß sie nicht nachweisbar wären (eine kleine Ausnahme bildet hier nur der Mond , deren Gravitationswellen allerdings ebenfalls erheblich schwächer wären).

Wären die Gravitationswellen dieser Himmelskörper stark, so hätten sie z.B. Einfluß auf die Bahn der Erde, auch wenn dies schwach wäre. Wir wissen aber hundertprozentig , daß solche Bahnabweichungen nicht vorhanden sind , auch nicht etwa bei Supernova-Ausbrüchen in astronomisch relativer Nähe von uns.

Die Relation der Stärke der Gravitationswellen der Erde bzw. der Gravitationswellen der Sonne, die hier auf der Erde ankommen einerseits ,und der Gravitationswellen der anderen weiteren Himmelsobjekte andererseits zueinander, ist genau so wie die Relation der Stärke des Sonnenlichtes zu dem Licht der Sterne.

Was im Lichtbereich der Sonnenschein am Tag ist , sind im Bereich der Gravitationswellen praktisch die Gravitationswellen der Erde bzw. der Sonne, die hier auf der Erde ankommen . Wir haben also, was die Gravitationswellen anbetrifft ununterbrochen Tag und praktisch vollen Sonnenschein auf der Erde und dies immer und ununterbrochen über die Jahre hinweg.

Der Versuch , Gravitationswellen der weiten Himmelskörper hier auf der Erde zu empfangen bzw. nachzuweisen, ist also genau so absurd und zwecklos ,wie der Versuch bei strahlendem Sonnenschein Sterne am Himmel zu suchen.

Trotzdem ist diese Tatsache bzw. diese Situation völlig übersehen worden bzw. nicht bedacht worden.

Das verhängnisvollste ist , daß diese Versuche im Laufe des 20. Jahrhunderts immer wieder von verschiedenen Astronomen wiederholt worden sind, sehr viel gekostet haben , zu großen Enttäuschungen geführt haben und

vor allem die Astronomie in falscher Richtung geführt und zurückgeworfen haben , und daß dieser große Irrtum bisher von keinem entdeckt worden war.

Eine weiterer Fehler, der unterlaufen worden ist, ist die Tatsache , daß vielfach nach sehr großen Wellenlängen gesucht worden und völlig übersehen worden ist, daß die Wellenlänge der Gravitationswellen nur sehr klein sein muß , wie bereits im Kapitel 17 ausführlich dargestellt wurde .

Es dürfte sicherlich jedem einleuchtend sein , daß die Geräte und Einrichtungen zum Messen der Wellen mit sehr großen Wellenlängen meist überhaupt nicht geeignet sind zum Nachweis bzw. Messen der Wellen mit sehr kleinen Wellenlängen. Z.B. mit einem Radiotuner kann man zwar Radiowellen (z.B. verschiedene Rundfunksender) gut empfangen aber keineswegs Lichtsignale usw.

Im Kapitel 17 haben wir uns ausführlich mit den Gravitationswellen und Ihren Eigenschaften befasst. Im Rahmen dieses Kapitels möchte ich einige weitere Aspekte hinzufügen .

Ergänzend verweise ich auf **meine wissenschaftliche Arbeit "Elektromagnetische Wellen und ihre Rolle im Universum " .**

Die Gravitationswellen haben die Eigenschaft der Übertragung der Gravitation.

Wir haben bereits gesehen, sie lassen sich einordnen im untersten Bereich des Spektrums der elektromagnetischen Wellen.

Wir haben bekanntlich Nachweismethoden für die Wellen der anderen Bereiche des elektromagnetischen Spektrums . Z.B. die Radiowellen empfangen wir durch Radio-Geräte bzw. Tuner , die Lichtstrahlen durch unsere Augen bzw. durch lichtempfindliche Filme, die Rö.-Strahlen durch Fluoreszenz-Schirme bzw. geeignete Filme , die Gamma-Strahlen durch Compton-Kameras bzw. -Teleskope .

Bei den Gravitationswellen besteht zunächst das Problem, daß wir außer Waagen keine geeigneten Empfangsgeräte dazu besitzen , und selbst sie sind noch nicht ausreichend für diesen Zweck entwickelt . Deswegen müssen wir zunächst geeignete Geräte entwickeln.

Da wir außerdem noch nicht genau wissen wie sie aussehen, müssen wir vergleichende Messungen durchführen , d.h. wir müssen mit verschiedenen Geräten Messungen durchführen an verschiedenen Orten , an denen zu erwarten ist, daß dieselben Wellen verschiedene Intensitäten haben (wie z.B. helles und dunkles Licht) und sie miteinander vergleichen.

Hier auf der Erde wäre z. Zeit theoretisch nur möglich Gravitationswellen der Erde und der Sonne (und evt. des Mondes) nachzuweisen , da sie ganz erheblich stärker sind , als alle andere Gravitationswellen , die hier ankommen , und somit vorherrschend. Es müßten Messungen durchgeführt werden auf der Erde z.B. auf

einem hohen Berg und im Tal , im Weltraum , z.B. in
Satelliten verschiedener Entfernungen, und in Sonden , die
zu anderen Planeten geschickt werden, um verschiedene
Intensitäten messen und zusammen vergleichen zu können.

Zum Schluß möchte ich zum Ausdruck bringen, daß
keineswegs der Sinn dieser Ausführungen ist, etwa einzelne
Astronomen zu tadeln , sondern der Sinn ist, zu verhindern ,
daß die Astronomie über lange Jahre hinweg Ideen verfolgt ,
die absurd erscheinen, und daß sie stur in nur einer Richtung
weitergeht, die wenig erfolgversprechend ist, ferner der Sinn
dieser Feststellungen ist , neue Wege aufzuzeichnen und zu
veranlassen, über diese Sachen nachzudenken, nur im
Interesse der Astronomie und deren Fortschritt.

Kapitel 19

Leben als Energieerscheinung

Was ist das Leben?
Weshalb müssen wir und die anderen Lebewesen regelmäßig essen und ständig atmen ?
Was hat Energie mit dem Leben zu tun?
Welche Rolle spielen die DNA- Moleküle ? Leben sie auch ?

Schauen wir uns zunächst einige schöne Bilder an, die keines Kommentars bedürfen:

Bildquelle :PixelQuelle.de

Abb. 1

Bildquelle :PixelQuelle.de

Abb. 2

Bildquelle :PixelQuelle.de

Abb. 3

Bildquelle :PixelQuelle.de

Abb. 4

Bildquelle :PixelQuelle.de

Abb. 5

Bildquelle :PixelQuelle.de

Abb. 6

Es mag im ersten Augenblick seltsam erscheinen, Leben als Energieerscheinung zu betrachten. Wir werden jedoch anderer Meinung sein , wenn wir am Ende dieses Kapitels angekommen sind .

Wir wollen zunächst untersuchen. was wir überhaupt unter Leben verstehen. Die Beantwortung dieser Frage ist keineswegs so einfach. Zunächst müssen wir feststellen, daß Leben normalerweise an seinen *Träger*, nämlich dem Lebewesen geknüpft ist. Ein Lebewesen lebt und ein Nichtlebewesen bzw. Nichtlebendiger ist tot. Das Leben ist also das **<u>Unterscheidungsmerkmal</u>** zwischen den Lebewesen und Nichtlebewesen.

Leben und damit auch die Lebewesen sind gekennzeichnet durch folgende **Eigenschaften**: Stoffwechsel, Wachstum, Fortpflanzung, Reizbeantwortung, Bewegung und selbstverständlich auch durch Aufbau und Zusammensetzung. Es sind also bestimmte Eigenschaften bzw. Erscheinungen, die Leben vom Tod unterscheiden.

Andererseits wissen wir, daß ein Lebewesen **dauernd Stoffe** (Nahrungsmittel, Sauerstoff usw.) **bzw. Energie braucht**, um am Leben zu bleiben. Bekommt das Lebewesen nicht ständig bzw. in kurzen Intervallen diese Stoffe, so stirbt es und verliert damit auch seine oben genannten Charakteristika.
Diesen Energiebedarf besorgt sich das Lebewesen in der Regel selber **aktiv.**

Die Aufrechterhaltung des Lebens als Zustand und die dauernde Energiegewinnung sind offenbar erschöpfend bzw. ermüdend , da zumindest höhere Lebewesen auf regelmäßigen **Schlaf** angewiesen sind.

Es handelt sich somit um **weitere Charakteristika der Lebewesen .**

Die Nahrungsmittel , Energielieferanten der Lebewesen, werden bekanntlich eingeteilt in Kohlenhydrate, Lipide und

Proteine , wobei Fette und Eiweißkörper im Organismus in KH umgewandelt werden können.

Die Lebewesen entziehen nun zur Energieerzeugung den Kohlenhydraten, unter Zuhilfenahme komplizierter fermentativer Prozesse, Wasserstoff und verbinden ihn mit dem durch die Atmung aufgenommenen Sauerstoff zu Wasser :   H2 + O2 = H2O + **Energie**. Das ist somit die **Energie** liefernde chemische Reaktion, die den Lebewesen die notwendige Energie liefert, die sie brauchen, um am Leben zu bleiben.

Die grünen Pflanzen können durch die Fotosynthese Wasser (H20)unter Zuhilfenahme des Sonnenlichtes in H2 und O spalten und somit H2 zur Synthese der organischen Verbindung gewinnen. Auch das ist somit eine Energiegewinnung.

Wir stellen also fest: Die Lebewesen brauchen und erzeugen Energie, um ihr Leben aufrecht zu erhalten. Bekommen sie diese Energie nicht, so verlieren sie die oben genannten Eigenschaften des Lebens und sterben schließlich ab. Ihre Bausteine, die hauptsächlich aus C- , H- , O- , N- , S-, und P-Atomen bzw. deren Verbindungen bestehen, zerfallen dann durch einen langsamen Verwesungsprozeß, und aus den Elementen entstehen dann im Laufe der Zeit wieder andere Lebewesen.

Anschaulich ausgedrückt: Leben ist an eine ständige *__Energiepumpe__* geknüpft; **hört das Pumpen auf, so hört**

das Leben ebenfalls auf und geht in den Tod über.

Es gibt in der Natur auch weitere Phänomene bzw. Zustände, zu deren Aufrechterhaltung eine ständige Energiezufuhr erforderlich ist, wie z.B. Feuer, Flamme oder Licht . Sie können uns helfen, diese Vorgänge besser zu verstehen. Sobald die Energiezufuhr unterbrochen wird (z.B. durch Abschaltung des elektrischen Stroms oder Sauerstoffentzug) erlöschen sie.

Eines können sie aber alle nicht: sie sind nicht in der Lage ihre Energie selber, d.h. **aktiv** zu besorgen.

Wir wissen aus der Physik, daß Lichterzeugung darauf beruht, daß z.B. durch elektrische Energie die Elektronen der Atome auf eine höhere Bahn bzw. **höheres Energieniveau** angehoben werden. Wenn die Elektronen nun wieder auf das niedrigere Energieniveau zurückfallen, entstehen Lichtquanten. Dieses Phänomen bezeichnet man als **Quantensprung,** die auch für das Zustandekommen der für die Atome jeder Materie charakteristischen Spektren verantwortlich ist.
Zur Aufrechterhaltung der Quantensprünge ist laufende Energiezufuhr erforderlich. **Man könnte sich durchaus vorstellen, daß das Leben auch eine ähnlich höhere Energiestufe darstellt.**

In der Biologie bzw. Medizin ist es ein offenes Geheimnis, und auch durch radioaktive Isotope Markierungen festgestellt, daß die Atome , aus denen der menschliche Körper aufgebaut ist, **dauernd gegen andere, mit der Nahrung aufgenommenen „ toten" Atome ausgetauscht**

werden. Das bedeutet, daß unser Körper bzw. unser Leben z.B. vor 2o Jahren aus anderen Atomen aufgebaut war wie heute. Bei anderen Lebewesen ist es genauso. Das bedeutet, daß laufend „ tote" Atome und Moleküle der Nahrungsmittel zum Leben erweckt werden. Das Erwecken kann nur so geschehen, daß die Atome in einen höheren Energiezustand versetzt werden.

Welchen Sinn bzw. welche Bedeutung dieser ständige Austausch der Atome und Moleküle hat , der bei allen Lebewesen vorhanden und mit einem enormen Aufwand verbunden ist , kann leider nicht hier im Rahmen dieses Kapitels abgehandelt werden , da sonst der Rahmen dieses Buches gesprengt würde .   Auf diese äußerst interessante Thematik wird vielmehr ausführlich   eingegangen , zusammen mit einer diesbezüglichen Theorie von mir, **in meinem Buch „ Geheimnisse der Evolution „**,das in Vorbereitung ist.

Wir wissen aus der Physik, daß Masse (also auch die Atome) in Energie umgewandelt werden kann .   diese Energiemenge kann berechnet werden nach der Formel :

$$E = m c^2$$

Der Physiker de Broglie konnte zeigen, daß Materie aus Energie- bzw. Materiewellen aufgebaut ist. Deswegen bestehen die Bausteine der Lebewesen schon aus Energie. Wir halten also nochmals fest : Lebewesen **_bestehen_** aus Energie.
Diese Grundmenge an Energie, die schon jede „ tote" Materie besitzt, ist jedoch hier nicht gemeint, wenn wir vom

Leben als Energieerscheinung reden, sondern gemeint ist ,
die **_zusätzliche_** Energie , die das Leben kennzeichnet.

In   unserer   täglichen   Sprache   kommen   im   übrigen
Ausdrücke vor, die , wenn   auch unbewußt, auf   diese
Erscheinungen hinweisen.   Man bezeichnet z.B. bestimmte
sehr aktive Leute als **_energisch_** . Ferner spricht man von
Lebensenergie.

Nach diesen Ausführungen sind wir nun in der Lage eine
Definition für das Wort Leben zu geben: **Leben ist eine
aktive   Energieerscheinung,   die   laufend   Energie
benötigt, und   ist vergleichbar mit einem höheren
Quantenzustand** .

Es handelt sich um einen **aktiven** Zustand, da die ganzen
Charakteristika der Lebewesen aktive Eigenschaften sind.
Wenn   die   Energie   zuführende   Energiequelle   des
Lebewesens, nämlich das Nahrungsmittel, unterbrochen
wird, so stirbt es nicht sofort, sondern verliert langsam die
charakteristischen Lebenseigenschaften und wird langsam
energieärmer.
Ein hungernder Mensch wird z.B. zunächst schlapp, bewegt
sich langsamer, wird schläfrig , wird mager, die geistigen
Aktivitäten lassen nach, verliert das Bewußtsein, die Atmung
und die Herzfrequenz werden langsamer, bis schließlich,
meistens erst nach Wochen, der Tod eintritt.
Eine Pflanze, die kein Wasser bekommt, wird zunächst welk,
bekommt gelbe Blätter, trocknet langsam aus und geht
schließlich ein.

Leben ist also nichts anderes als eine Sondererscheinung der Energie. Tote Stoffe z.B. Atome wie Kohlenstoff, Sauerstoff oder Wasserstoff-Atome können unter bestimmten Voraussetzungen untereinander Verbindungen eingehen, und z.B. Nukleinsäure bilden , die als DNA - Moleküle bekanntlich als Bausteine der Chromosomen der Menschen dienen und eben die Eigenschaft haben, sich zu vermehren, Eiweißkörper zu synthetisieren,   fermentative Prozesse in Gang zu setzen und Leben zu erzeugen , bzw. selbst zu leben .

Die DNA-Moleküle bestehen also , genau so wie bei anderen Molekülen , ebenfalls aus einfachen Atomen , auch wenn sie aus   vielen Atomen bestehen, und lassen sich selbstverständlich wieder in einzelne Atome   zerlegen, gewinnen jedoch , wie bei allen anderen Molekülen , durch die Vereinigung der Atome, aus denen sie gebaut sind, *neue Eigenschaften*   bzw. , *Sondereigenschaften* .   **Diese Sondereigenschaft der DNA heißt eben Leben .**

Wir können also feststellen   : Leben ist zwar etwas sehr Wertvolles ,   aber nichts Phänomenales, sondern lediglich eine **<u>Sondererscheinung der Energie</u> .**

Es ist durchaus möglich , daß das Leben anderswo im Universum auf anderen Planeten ganz anders aussieht , als hier bei uns auf der Erde .

Kapitel 20

Verwaschene Grenzen zwischen Leben und Tod

Sind wir tatsächlich tot, wenn wir gestorben sind ?
Als tote in den Sarg gelegt und als lebendig wieder herausgeholt?
Ist die Materie wirklich tot?
Sind die Chromosomen tot ?
Sind Viren tot oder lebendig?

Leben und das, was wir als „tote „Materie bezeichnen, bestehen nur aus Energie. Sie sind nur **verschiedene Erscheinungsformen** derselben Sache. Leben und Tod sind sozusagen Energie in verschiedenen Kleidern.

Wir müssen uns nochmals vergegenwärtigen , was das Leben und was der Tod ist .
Wir haben im Kapitel 19 gesehen, daß das **Leben** und damit auch die Lebewesen gekennzeichnet sind durch folgende **Eigenschaften**:   Stoffwechsel, Wachstum, Fortpflanzung, Reizbeantwortung, Bewegung und selbstverständlich auch durch Aufbau und Zusammensetzung .

Ferner haben wir gesehen, daß ein Lebewesen **dauernd Stoffe** (Nahrungsmittel, Sauerstoff usw.) **bzw. Energie braucht**, um am Leben zu bleiben. Bekommt das Lebewesen nicht ständig bzw. in kurzen Intervallen diese Stoffe, so stirbt es und verliert damit auch seine oben genannten Charakteristika.
Ferner sind die Lebewesen auf **Schlaf** angewiesen .
Am meisten ist dies ausgeprägt bei Menschen und Tieren. Aber auch die Pflanzen leben, da sie ebenfalls die meisten oben genannten Voraussetzungen erfüllen. Einige Pflanzen können sich sogar bewegen (z.B. die Karnivoren , die Tiere fressen).

Unter **etwas Totes** stellen wir uns allgemein etwas vor, was sich nicht bewegt und auch nicht wächst , keinen Stoffwechsel hat und sich auch nicht vermehren kann. Wir bezeichnen z.B. einen Stein oder ein Stück Holz als tot.

Wenn ein Mensch keine Regung mehr zeigt, bei ihm kein Herzschlag und auch keine Atmung nachweisbar ist, sagt der Laie der betreffende Mensch ist tot. Ähnlich ist es auch mit den Tieren.
Es ist aber schon vorgekommen, daß ein Mensch für tot erklärt worden und sogar in einen Sarg gelegt worden ist. Dann hat man Klopfzeichen gehört , den Sarg geöffnet , und mit Erstaunen **festgestellt, daß der betreffende , für tot erklärte Mensch, noch lebt.** Dieses Phänomen ist insbesondere bei Menschen beobachtet worden, die im Schnee und bei tiefen Temperaturen „ gestorben" sind.

Wir haben ferner gesehen, daß der Tod nicht plötzlich auftritt, sondern langsam: Wenn die Herzpulsationen aufhören und die Atmung aussetzt, so sind keineswegs die Körperzellen schon tot. Wir wissen, daß die Hirn- und auch die anderen Zellen noch einige Zeit weiterleben , auch wenn

das Individuum bereits von dem Laien als tot zu bezeichnen
ist.

**Wir halten also fest: Der Tod ist nichts plötzliches,
sondern etwas langsames.**

**Auch die Grenzen zwischen Leben und Tod sind
keineswegs scharf , sondern verwaschen . Wir müssen
also unsere Vorstellungen bzw. Bezeichnungen über
Leben und Tod revidieren .**

Wir wissen , daß die Chromosomen der „ toten „ Menschen
Jahre nach dem Tod des betreffenden Menschen lebendig
sind   und wahrscheinlich Hunderte und Tausende von
Jahren   weiterleben   können, wenn sie entsprechend
konserviert sind (z.B. bei Leichen , die in Gletschern liegen
und gut erhalten bleiben oder bei Mumien usw.), so daß
diese Menschen theoretisch nach Tausenden von Jahren
durch Klonen ihrer Chromosomen   wieder reproduzierbar
wären und sozusagen wieder zum Leben erweckt werden
könnten , auch wenn in Form von neuen , aber exakt
identischen Individuen   (wegen der näheren Einzelheiten s.
mein Buch „ Leben, Krankheit, Altern, Tod").

**Wir wollen unseren Gedankengang noch etwas
fortsetzen und wollen uns fragen, wann und ob wir
überhaupt ein Individuum als tot bezeichnen können.**
Wenn auch die letzten Zellen seines Körpers schließlich
aufgehört haben zu leben? - Ich glaube nein. Die Zellen
hören zwar auf zu „ leben" sie zeigen Z.B. keinen
Stoffwechsel mehr ,sie bestehen aber weiterhin aus vielen
Atomen und Molekülen .und enthalten vor allem weiterhin

DNA-Material . Sind sie denn wirklich tot? - Diese Frage müssen wir ebenfalls verneinen.

Wir haben oben gesehen, daß die DNA-Moleküle sogar Jahrtausende Jahre weiter leben können und die Atome und Moleküle ständig in Bewegung sind: Sie führen verschiedene Bewegungen aus wie Schwingungen, Rotationen usw. Auch innerhalb der Atome existieren verschiedene Bewegungen (Schwingungen usw.). Sie können sogar unter bestimmten Voraussetzungen auch „wachsen", wenn auch im primitiven Sinne , denken wir z.B. an das Wachsen der **Kristalle** usw.

Die Atome und die Moleküle erfüllen also auch einige Bedingungen, die wir von einem Lebewesen erwarten. Sie haben aber im „allgemeinen' keinen Stoffwechsel.

An dieser Stelle möchte ich noch ein weiteres interessantes Beispiel nennen, das uns weiter hilft, uns klar zu machen, daß es keine scharfe Grenze zwischen Leben und Tod gibt. Es handelt sich um **Viren**.

Sie bestehen nämlich aus Nukleinsäure-Molekülen und müßten nach der herkömmlichen Definition als tot bezeichnet werden, da sie keinen Stoffwechsel besitzen und sich nicht vermehren können.

Die Sache ändert sich jedoch grundsätzlich, wenn die Viren einen Menschen oder ein anderes Lebewesen befallen. Sie dringen nämlich in die Zellen ein und dann sind sie auf einmal in der Lage, sich zu vermehren und einen Stoffwechsel in Gang zu setzen. Sie lösen dadurch normalerweise eine Krankheit aus, denken wir z.B. an Schnupfen, Grippe, Masern , Mumps, Windpocken usw.

Die Viren , die vorher „tot" waren , waren auf einmal zum Leben erweckt". Sie können aber jederzeit wieder zu dem „toten „Zustand zurückkehren, bis sie wieder ein anderes Lebewesen befallen und wieder anfangen zu

„ leben". Ein anderes , wenn auch nicht gleichartiges Beispiel wäre der Winterschlaf der Pflanzen.

Die neuesten Experimente aus dem Bereich der Quantenphysik zeigen ferner, daß sogar die Elementarteilchen erstaunliche Eigenschaften haben , die eher als lebendig als tot bezeichnet werden können , z.B. :

1. Es bestehen gegenseitige Abhängigkeiten zwischen der beiden Teilchen **eines Paares, d.h. das Verhalten eines dieser beiden Teilchen wird geändert, wenn die Bedingungen des anderen Teilchens geändert werden, auch bei größerer Entfernung.**

2. Die Elementarteilchen haben ferner die Fähigkeit , kurz aus der Oberfläche der Materie heraus zu kommen und haben sogar die Fähigkeit zum Nachbargebiet durchzutunneln (der Tunneleffekt).

3. Das Vakuum ist nicht leer, wie früher geglaubt worden war, sondern dort befinden sich **Elementarteilchen, die sich laufend in Energie umwandeln und umgekehrt. Es entsteht anscheinend aus Nichts durch die sogenannte Quantenfluktuation Materie .**

Es gibt meines Erachtens keinen prinzipiellen Unterschied zwischen der Materie und den Lebewesen.

Alles bewegt sich, alles verändert sich. Auch die Materie lebt also.
Die Grenzen zwischen Leben und Tod sind also keineswegs scharf, sondern fließend und verwaschen .
Wenn die Atome Verbindungen eingehen, so entstehen Moleküle. Moleküle haben bekanntlich ganz andere Eigenschaften als die Atome, aus denen sie aufgebaut sind. Z.B. aus dem gasförmigen Wasserstoff und Sauerstoff entsteht Wasser, was bekanntlich flüssig ist. Genauso ist es mit den Lebewesen. Wenn sich bestimmte Atome in einer bestimmten Weise verbinden, dann entsteht Nukleinsäure, und somit auch DNA , und sie hat eben als Eigenschaft das, was wir in herkömmlicher Weise als Leben bezeichnen.

Das Leben ist also zwar etwas Wunderbares aber nichts Phänomenales. Wenn sich bestimmte Atome in einer bestimmten Art zusammenschließen, so entsteht das , was wir als Leben bezeichnen. Wenn das Molekül wieder zerfällt, dann entsteht wieder die Materie, aus der wieder neue Moleküle und gegebenenfalls neue Lebewesen entstehen können.

Ob Lebewesen oder Materie, alles lebt und besteht letzten Endes aus <u>Energie</u>. Sie sind nur verschiedene Erscheinungsformen derselben Sache.

Kapitel 21

Meine Theorie

über Grund und Sinn der

physikalischen Veränderungen

und der

astronomischen Erscheinungen

Schon unser Physiklehrer auf dem Gymnasium sagte uns immer wieder , in der Physik dürfen Sie nach allem fragen aber nicht nach dem Grund der physikalischen Gesetze und Veränderungen . Sie alle   beruhen bekanntlich nur   auf **Experimenten , Beobachtungen und Erfahrungen .**

Wenn Sie in einem **Physikbuch** nach einer Formel oder nach einem physikalischen Gesetz suchen , so werden Sie sehr schnell fündig. **Wenn Sie aber nach dem Warum suchen, so werden Sie sehen, daß die Suche völlig vergebens ist. Sie werden darüber nichts finden.**

Dasselbe gilt auch für die **Chemie**, wenn auch nur relativ.

Mittlerweile sind viele Jahre vergangen . Ich habe es aber trotzdem nie aufgegeben nach dem Warum und nach dem Sinn in der Physik und Chemie zu fragen und darüber nachzudenken . Vor einigen Jahren ist mir aber der Sinn klar geworden :

Wie ich in meinen wissenschaftlichen Arbeiten über die Evolution, bereits ausführlich dargestellt habe , ist der tiefere Sinn der Evolution der Lebewesen **das Bestreben nach Überleben.**

Genauso muß es auch bei der Materie sein . Ich habe bereits in zahlreichen wissenschaftlich Arbeiten ausführlich dargestellt und begründet, daß nicht nur das , was wir als Lebewesen bezeichnen,   lebt , sondern **auch die Materie ,** die wir als tot bezeichnen , wenn auch etwas anders und in einem etwas anderen Sinne . Ich habe ferner bereits darauf hingewiesen und beschrieben, daß **auch bei der Materie durchaus Kommunikationen und Erfahrungsaustausch stattfinden** (s. Kapitel 7 und ferner **mein Buch „Revolution der Astronomie und Physik"**).

Auch die Materie muß das Bestreben haben zu überleben . Deswegen muß sie sich laufend an die Umgebung anpassen .

Dies möchte ich anhand der nachfolgenden Beispielen klar machen :

A. Physik:

1. Thermodynamik:

Wir wissen, daß   sich **die Materie durch Erhitzen ausdehnt und durch Kälte zusammenzieht** . Dies können wir durch Beispiele und Formeln darstellen und nachrechnen, der Sinn bleibt uns aber zunächst verborgen .
Wir stellen uns ein **Glas** (Trinkglas) vor . **Bei der Wärme wird der Materie Energie zugeführt** . Die Materie nimmt diese Energie auf und wandelt sie in Bewegung um. **Die Atome bzw. Moleküle bewegen sich dadurch schneller** , deswegen **erhitzt** sich die Materie   , bleibt aber zunächst zusammen , d.h. die Bestandteile des Glases nehmen die Wärme auf, das Glas **<u>dehnt sich aus</u>, erwärmt sich, bleibt   aber solange wie es geht zusammen und die Integrität bleibt so bewahrt** . **Dies stellt eine Art Anpassung und Kompensation dar,** denn wenn die Atome bzw. Moleküle des Glases dies nicht tun würde, würde die zunehmende Wärmezufuhr sehr schnell dazu führen, daß die Atome bzw. Moleküle der Materie mit einem Knall auseinander gehen und die Materie bzw. der Gegenstand somit zerfällt und zerstört wird   .

Die **Materie bzw. das Glas möchte aber überleben** bis es natürlich nicht mehr geht. . **Dies ist aber möglich, wenn die Bestandteile des Glases zusammen bleiben.**

Bei der   Kältezufuhr ist es ähnlich, wohl aber umgekehrt . Bei einem Energieentzug muß die Materie sparsam mit ihrer Energie umgehen .Deswegen werden die Bewegungen der Atome und Moleküle gedrosselt und so Energie gespart .

Der Sinn ist in beiden Fällen das Bestreben der Materie zu überleben.

2. Neigung zur Klumpen- und Gruppenbildung :
Alle Atome und Moleküle haben das Bestreben sich zu verklumpen bzw. sich zu Gruppen zusammenzuschießen:

Wir kennen z.B. die **Kohäsionskräfte** bei Flüssigkeiten , die auf anziehende Kräfte zwischen den einzelnen Molekülen der Flüssigkeiten beruhen und dafür sorgen, daß die einzelnen Moleküle zusammen bleiben und sich nicht einzeln verteilen .

Wir wissen alle z.B. was passiert , wen wir etwas Wasser auf den Boden gießen. Die Wassermoleküle fallen nicht etwa auseinander, sondern bilden einzelne **Tropfen und kleinere und größere Wasserflächen. Sie bleiben also in Gruppen zusammen .**
(vergl. auch die **Van-der Waals-Kräfte**) .

Das bedeutet eine **Erhöhung der Überlebenschancen** der Wassermoleküle, da sie einzeln in der großen Welt schnell verloren wären . **Dies ist vergleichbar mit der Gruppenbildung bei den Tieren**, die ebenfalls einen erheblichen Schutz und somit eine erhebliche Steigerung der Überlebenschancen bedeutet .

3. Mechanik :

Die Newtonsche Axiome :

Z.B. aus dem **2. Axiom** geht hervor, daß eine konstant auf einen Körper wirkende Kraft zu einer beschleunigten Bewegung führt .

Der Sinn dieser Tatsache besteht darin, daß wenn der betreffende Körper nicht nachgeben und sich nicht entsprechen der Krafteinwirkung bewegen würde, durch die Kraft zunehmend komprimiert und Gefahr laufen würde zerstört zu werden.
Es handelt sich somit auch hier um eine Art Anpassung, **um ein Bestreben der Materie zu überleben .**

Gemäß dem **3. Axiom** ruft eine Kraft , die auf einen Körper wirkt, eine Gegenkraft hervor , die genau so stark, aber entgegengesetzt ist ,

Auch der Sinn dieses Axioms ist **das allgemeine Bestreben der Materie ist zu überleben** und eine Art **Abwehrmechanismus** gegen die Umwelt, da sonst die einwirkende Kraft zum Zerstören der Materie führen könnte.

4. **Elastizitätsänderung** : Wir versuchen einen nicht allzu dicken Ast zu brechen .
Beim 1. Versuch biegen wir den Ast **plötzlich** ab bis er bricht, und beim 2. Mal biegen wir den Ast **langsam** ab, bis er ebenfalls bricht . Wir werden feststellen, daß der Ast beim 1. Versuch deutlich früher bricht als beim 2.Versuch . **Warum ?**

Wenn wir den Ast langsam abbiegen, haben die Moleküle des Astes ausreichend Zeit sich so zu ordnen, daß der Ast nicht so schnell bricht , **sie leisten quasi Widerstand gegen die äußere Gewalteinwirkung**. Wenn wir aber den Ast schnell abbiegen, bleibt den einzelnen Molekülen keine Zeit sich entsprechend zu ordnen

Dies ist im übrigen einer der Gründe , weshalb die **Karate-Schläge** erheblich wirksamer sind beim Brechen der Gegenstände ,da diese Schläge nicht nur kräftiger, sondern auch **erheblich schneller** sind .

Die einzelnen Moleküle des Astes haben also auch hier **das Bestreben zu überleben** , also gegenüber der äußerlichen Gewaltanwendung Widerstand zu leisten , damit der Ast möglich nicht bricht ,wenn es irgendwie möglich ist .

B. Physik/ Astronomie:

1. Verklumpen der Atome bei der Entstehung der Sterne:

Der Sinn des Verklumpen der Atome bei der Entstehung der Sterne ist durch den Zusammenschluß und Erreichen einer bestimmten Größe thermonukleare Reaktionen einzuleiten , um so erhebliche Mengen Energie zu gewinnen und somit besser **zu überleben** . Die einzelnen Atome wären einzeln sozusagen heimatlos , wären im riesengroßen Universums verloren ,und außerdem nicht in der Lage diese Energiequelle anzuzapfen .
Außerdem entsteht durch den Zusammenschluß der vielen einzelnen Atome, de für sich alleine nur über eine äußerst winzige Gravitationskraft verfügen würden, eine große Gravitation zu erzielen , die es ermöglicht besser überleben zu können, anstatt von anderen Objekten angezogen zu werden und somit verloren zu gehen .

2. Verklumpen der Atome zu Planeten:

Auch bei der Planetenbildung entsteht durch die Verklumpung eine Art Zusammenhalt , wie bei der Gesellschaftsbildung der Menschen, und **erhöht die Überlebenschancen** . Einzelne Atome im Universum wären sozusagen verloren .

3. Galaxiebildung :

Ebenfalls bei der Galaxiebildung handelt es sich um ein Bestreben nach Überleben , da dadurch zahlreiche Sterne zusammengehalten werden , eine riesengroße Kraft (Gravitationskraft) darstellen und somit **besser überleben** können .

Das Verklumpen der Atome und Moleküle bzw. der Materie ist vergleichbar mit der **Gruppenbildung bei den Tieren** . Die einzelnen Tiere genießen in der Gruppe einen größeren Schutz gegenüber den äußeren Gefahren und ihre Überlebenschance wird so erheblich erhöht .

Es muß betont werden, daß einige physikalischen Veränderungen und astronomischen Erscheinungen durchaus **Zwischenstufen** darstellen können, auf dem Weg der Perfektionierung und somit des Überlebens.

Zusammengefasst hat also auch die Materie das Bestreben zu überleben , und genau das ist auch der Grund und Sinn der meisten physikalischen Veränderungen und der meisten Astronomischen Erscheinungen.

Kapitel 22

Meine Theorie

über den eigentlichen Sinn

der chemischen Verbindungen

Warum verbinden sich die Elemente ?
Welchen Sinn haben die chemischen Verbindungen ?
Was haben chemische Verbindungen mit der Evolution zu tun ?

Chemie ist die Lehre der chemischen Verbindungen. Wenn sie aber in einem Chemie-Buch nachsehen wollen, was der eigentliche **Sinn** und der eigentliche **Grund** für chemische Verbindungen ist, so suchen Sie meistens völlig vergebens.
Es wird aber völlig als selbstverständlich erachtet, daß die Elemente sich miteinander verbinden.
Dort ist anstatt dessen viel von den positiven und negativen Ladungen die Rede, so wie von den Wertigkeiten der Elemente .

Meine Theorie über den eigentlichen und tieferen Sinn und den Grund der chemischen Verbindungen:

Deswegen wollen wir hier uns mit dem eigentlichen „ Warum ? „ und dem eigentlichen Zweck und Sinn der chemischen Verbindungen auseinandersetzen und versuchen , ob wir diese Fragen beantworten können :

Wir nehmen als Beispiel das **Kochsalz** , das die chemische Formel **NaCl** hat. Das bedeutet bekanntlich, daß das Kochsalzmolekül aus der Verbindung von einem Atom Natrium (Na) und einem Atom Chlor (Cl) besteht. Wir kennen alle Chlor und wissen , daß es sich um ein **gasförmiges** Element handelt , ein sogenanntes Halogen, mit einem stechenden scharfen Geruch .   Beim Natrium handelt es sich bekanntlich um ein **Metall**, genauer gesagt um ein Erdalkalimetall , d.h. es hat metallische Eigenschaften, wie Leitfähigkeit usw.
Das Ergebnis dieser chemischen Verbindung ist das Kochsalz, das wir alle kennen. Es ist **fest**, hat eine **Kristallstruktur** , ist **weiß** und **schmeckt salzig**, hat also völlig andere Eigenschaften , als seine chemischen Bestandteile, genau so wie auch bei den anderen chemischen Verbindungen.

Was ist chemisch passiert ?   Das **Natriumatom** mit er Ordnungszahl 11 auf der Mendelejewschen Tabelle, **das in seiner 3. (äußeren) Schale nur ein einziges Elektron hat, hat 1 Elektron an das Chloratom abgegeben** und somit dieses sozusagen überzählige Elektron auf seiner äußeren Schale in idealer Art und Weise los geworden , so daß seine nächst tiefere 2. Schale nunmehr mit 8 Elektronen ideal voll besetzt ist Das **Chloratom** mit der Ordnungszahl

17 hat auf seiner äußeren 3. Schale **ein Elektron vom den Natrium aufgenommen und somit seine gesamte Elektronenzahl mit 18 ideal komplementiert. Das Produkt ist also ein ziemlich ideales Ergebnis**.

Nebenbei gemerkt , das entstandene Molekül verrät seine Zusammensetzung durch das **Lösen im Wasser**, weil es sich in Na und Cl spaltet, allerdings in jeweils ionisierter Form, durch **Spektroskopie** , weil dadurch die charakteristischen Spektren sowohl des Natriums, als auch des Chlors sichtbar werden, und ferner durch **chemische Analyse.**

Das Chloratom und das Natriumatom haben sich also zu etwas höherwertigerem zusammengeschlossen und sich in idealer Weise ergänzt.
Das Produkt ist **nicht mehr gasförmig und flüchtig** , wie zuvor das Cl-Atom.

Auch das Wasser-Molekül ist ein gutes Beispiel . Aus der Verbindung von 2 flüchtigen **Gasen**, nämlich **H2** (Wasserstoff) und **O** (Sauerstoff) entsteht **H2O** (Wasser), das nicht mehr gasförmig und somit **nicht flüchtig** ist, sondern **flüssig**.

Das ist aber keineswegs der ganze tiefere Sinn der chemischen Verbindungen . Deswegen wollen wir noch etwas mehr darüber nachdenken und uns etwas mehr vertiefen.

Wie in den vergangenen Kapiteln bereits erwähnt, **besteht in der Natur generell eine Bestrebung nach**

zunehmender Perfektionierung und somit nach Überleben .

Alles , was perfekter wird, hat nämlich auch gleichzeitig eine höhere Überlebenschance .

Das wird völlig verständlich , wenn wir uns vergegenwärtigen , welche enorme Gefahren im Universum existieren.

Die einzelnen chemischen Verbindungen, die entstehen, brauchen aber keineswegs Endprodukte zur Perfektionierung darzustellen, sondern können durchaus auch **Zwischenstufen** sein. So kann die Natur praktisch lange Zeit sozusagen frei experimentieren, bis die perfekten Entprodukte entstehen, so wie z.B. die DNA-Moleküle entstanden sind.

Wir kehren nochmals zurück zu unserem Kochsalzmolekül. Wie wir gesehen haben , handelt es sich dabei um ein sehr einfaches und kleines Molekül, das nur aus 2 Atomen besteht. Wir wissen aber, daß auch mehrere Atome sich zu einem Molekül verbinden können, was zur Entstehung von größeren und komplizierteren Molekülen führt.
Z.B. das Molekül von **Kaliumpermanganat** mit der chemischen Formal KMnO4 bestehen aus 6 Atomen. So können immer mehr Atome sich zusammenschließen , und immer größere Moleküle zu bilden.

Aus der **organischen Chemie** kennen wir erheblich größere und kompliziertere Moleküle mit beachtlichen Molekulargewichten.
So können immer größere Moleküle entstehen , bis zur Entstehung von Makromolekülen .
So sind auf der Erde immer größere und kompliziertere Moleküle entstanden , bis eines Tages die

Nukleinsäuremoleküle auftauchten und somit auch **DNA**, woraus die **Chromosomen** bestehen.

Dies war gleichzeitig ein Riesenschritt und ein Riesenereignis, da damit auf der Erde gleichzeitig auch das Leben entstand, da die DNA-Moleküle Eigenschaften haben, die wir schlechthin als Leben bezeichnen .

Es war somit mit diesem Schritt plötzlich eine Riesenperfektionierung gelungen und somit auch ein enormer Schritt bei den Bestrebungen zwecks Überleben.

Der tiefere Sinn und Zweck der meisten chemischen Verbindungen ist somit ein Bestreben nach Perfektionierung und somit und vor allem ein Bestreben nach Überleben.

Es ist im Rahmen dieses Buches leider nicht möglich , näher auf diese äußerst faszinierenden Phänomene einzugehen und wird deswegen wegen einer erheblich ausführlicheren Darstellung **verwiesen auf meine Bücher " Leben, Krankheit, Alter, Tod, energetische Therapie", das ausführlicher sich mit solchen Phänomenen beschäftigt, und „Geheimnisse der Evolution", die eine echte Fundgrube solcher Faszinationen ist .**